Untersuchungen der inneren und äußeren Festigkeit von Epoxidharzisoliersystemen

Von der Fakultät für Elektrotechnik und Informatik
der Gottfried Wilhelm Leibniz Universität Hannover
zur Erlangung des akademisches Grades

Doktor-Ingenieur (Dr. Ing.)

genehmigte

Dissertation

von

M.Sc. Ricardo Victoria López
geboren am 29. August 1976 in Mexikostadt

2010

Bibliografische Information der Deutschen Nationalbibliothek
Die Deutsche Nationalbibliothek verzeichnet diese Publikation in der Deutschen Nationalbibliografie; detaillierte bibliografische Daten sind im Internet über http://dnb.d-nb.de abrufbar.
1. Aufl. - Göttingen : Cuvillier, 2010
Zugl.: Hannover, Univ., Diss., 2010

978-3-86955-511-9

1. Referent: Prof. Dr. Ing. Ernst Gockenbach
2. Referent: Prof. Dr. Ing. Michael Kurrat

Tag der Promotion: 22.09.2010

Nonnenstieg 8, 37075 Göttingen
Telefon: 0551-54724-0
Telefax: 0551-54724-21
www.cuvillier.de

1. Auflage, 2010
Gedruckt auf säurefreiem Papier

978-3-86955-511-9

Vorwort

Die vorliegende Arbeit ist das Ergebnis meiner Tätigkeiten als Gastwissenschaftler und Wissenschaftlicher Mitarbeiter am Institut für Energieversorgung und Hochspannungstechnik, Fachgebiet Hochspannungstechnik (Schering Institut) der Leibniz Universität Hannover.

Ich möchte mich sehr herzlich bei dem Institutsdirektor und Leiter des Fachgebiets Hochspannungstechnik, Herrn Prof. Dr. Ing. Ernst Gockenbach, bedanken, da er mir die Gelegenheit gab, im Schering Institut zu forschen und durch viele Diskussionen und Gespräche die Erstellung meiner Arbeit ermöglichte.

Ich möchte mich auch bei Herrn Prof. Dr. Ing. Michael Kurrat für die Übernahme des Korreferates und bei Herrn Prof. Dr. Ing. Bernard Nacke für die Übernahme des Vorsitzes in der Prüfungskommission bedanken.

Mein Dank geht auch an Herrn Prof. Dr. Ing. Bernd Ponick und Herrn Prof. Dr. Ing. habil. Wolfgang Mathis für die Mitwirkung in der Zulassungskommission.

Bei Herrn Prof. Dr. Ing. habil. Hossein Borsi möchte ich mich für seine wissenschaftliche Beratung in den Forschungsprojekten bedanken.

Mein Dank geht auch an die Mitarbeiter des Schering Instituts, die mich mehrfach unterstützt und mir in verschiedener Art geholfen haben. Insbesondere die Hilfe von Frau Lore Bellgardt, Frau Vera Vortmann, Herrn Karl-Heinz Maske, Herrn Claus-Dieter Hasselberg, Herrn Erich Semke, Herrn Dr. Ing. Claus-Dieter Ritschel, Herrn Dipl. Ing. Markus Fischer, Herrn Dipl. Ing. Christian Eichler, Herrn Dipl. Ing. Lars Hoppe, Herrn Dr. Ing. Jürgen Gärtner, Herrn Dr. Ing. Mohsen Farahani, Herrn Dipl. Ing. Bartolomiej Dolata, Herrn Dr. Ing. Mark Reuter, Herrn Dr. Ing. Volker Wasserberg und Herrn Dr. Ing. Ralph Kotte waren für mich sehr wertvoll.

Die finanzielle Unterstützung von Consejo Nacional de Ciencia y Tecnología (CONACYT, Mexiko), dem Deutschen Akademischen Austausch Dienst (DAAD, Deutschland) und dem Schering Institut ermöglichten die Entstehung dieser Arbeit. Deshalb geht auch mein Dank an diesen Institutionen.

Ich möchte mich auch bei meiner Familie und insbesondere bei meinem Vater, Dr. Ricardo Victoria Osorio, für seine ständige Unterstützung sehr herzlich bedanken.

Kurzfassung

In der vorliegenden Arbeit werden die Ergebnisse aus Untersuchungen der äußeren und inneren Festigkeit von Epoxidharzisoliersystemen dargestellt. Einflussparameter der inneren und äußeren Festigkeit werden durch mehrere Versuchsreihen ermittelt und gedeutet. Durch verschiedene Belastungsarten werden Schädigungen und Einflussparameter in den Epoxidharzisoliersystemen simuliert und Verfahren zur Diagnose und einem besseren Verständnis der Mechanismen während der verschiedenen Belastungen des Isoliersystems entwickelt.

Die innere Festigkeit des Epoxidharzsystems wird durch das Kurzzeit-Verhalten beim elektrischen Durchschlag und durch das Langzeit-Verhalten beim thermischen Durchschlag oder Erosionsdurchschlag bestimmt. Das Verhalten nach einer Pause während der elektrischen, thermischen oder elektrothermischen Alterung ist bei diesen Mechanismen nicht vorgesehen. Die Analyse des TE-Verhaltens nach Belastungs- und Pausenzeiten zeigt jedoch definierte Tendenzen auf. Änderungen im Gasdruck und der Leitfähigkeit der Fehlstellen in Form von Hohlräumen im Epoxidharz sind die Ursache dafür. Die Anzahl und Verteilung der Hohlräume in der Isolierung erhöhen die Komplexität der Auswertung des TE-Verhaltens. Die elektrothermische Alterung zeigt ein komplexes TE-Verhalten und ist nicht durch einfache Überlagerung der Auswirkungen von elektrischer und thermischer Alterung erklärbar. Untersuchungen an Grenzflächen zwischen Elektrode und Isolierung weisen die Entwicklung des Durchschlagkanals parallel zum elektrischen Feld für elektrische Belastungen und in Form eines Loches mit einer weißen Substanz für eine elektrothermische Belastung auf, wobei die amorphen Strukturen des Epoxidharzes zu erkennen sind. Eine Alterung mit 500 Hz verursacht eine Schädigung des Außenglimmschutzes von Ständerstäben, die bei 50 Hz nicht zu beobachten ist.

Im Bereich der äußeren Festigkeit sind unterschiedliche Spuren auf der Prüflingsoberfläche in Abhängigkeit von der Wärmeleitfähigkeit des Füllstoffes zu beobachten. Konsekutive Überschläge vermindern die äußere Festigkeit, die aber nach einer Lagerung infolge des Abbaus von Ladungsträger wieder ansteigt. Eine Reinigung beeinflusst das Verhalten gering. Die Rauigkeit der Prüflingsoberfläche zeigt eine Zunahme der Überschlagspannung bis zu einem bestimmten Grenzwert. Kreisförmige Rauigkeitsprofile zeigen eine stärkere Zunahme der Überschlagspannung als senkrecht oder parallel zum elektrischen Feld verlaufende Profile. Eine Luftströmung verursacht einen Anstieg der Überschlagspannung infolge der Beseitigung von Ladungsträger von der Oberfläche. Die Materialbeschaffenheit und der Übergang zwischen turbulenter und laminarer Strömung verursachen ebenfalls Änderungen der Überschlagspannung.

Schlagworte: Epoxidharz, innere Festigkeit, äußere Festigkeit, Belastungszeit, Pausenzeit,

Abstract

In this work, the results of the research on internal and external dielectric strength of epoxy resin insulation systems are presented. Parameters that influence the internal and external dielectric strength were determined through diverse tests. Different stress type imperfections and damages in epoxy resin insulation systems were simulated. Diagnosis tools for better understanding of the mechanisms during different stresses of the insulating systems were developed.

The internal dielectric strength of epoxy resin systems is determined for short time behavior in electrical breakdown and for long time behavior in thermal and erosion breakdown. The behavior of a pause during the electrical, thermal and electro-thermal ageing is not provided by these mechanisms. The analysis of the PD-behavior under stress or pause shows however defined trends. Changes in gas pressure and electrical conductivity of the imperfections or cavities in epoxy resin are the causes for this behavior. The number and distribution of the cavities in the insulation increase the complexity of the evaluation of the PD-behavior. Electro-thermal ageing shows complex PD behavior and this is not explicable through a simple superposition of the effects from electrical and thermal ageing. Examinations of the interface between electrode and insulation show the development of the breakdown channel in parallel direction to the electrical field for electrical stress and a hole with a white substance for electro-thermal stress. The amorphous structure of the epoxy resin is recognized.

Ageing with 500 Hz causes a damage of the external protection due to ionization in stator bars which is not observed by ageing with 50 Hz.

In the area of external dielectric strength, diverse traces on the surface of the specimen in dependence of the thermal conductivity of the filler are observed. Consecutive flashovers reduce the external dielectric strength, but it increases again after storage through the dismounting of charge carriers. The cleaning after the storage influences marginally the behavior. The roughness of the specimens shows an increase of the flashover voltage until determined boundary values. Round roughness profiles show greater increments in increase of the flashover voltages as perpendicular and parallel profiles in respect to the electrical field. Air streams causes increase of the flashover voltages through the displacement of charge carriers from the surface. Material composition and the transition between turbulent and laminar streaming cause also differences between flashover voltages.

Keywords: Epoxy resin, internal strength, external strength, stress time, pause time

Extracto

En este trabajo son presentados los resultados de investigaciones sobre la rigidez dieléctrica interna y externa de sistemas de aislamiento basados en resinas epóxicas. Parámetros que influyen en la rigidez interna y externa fueron determinados a través de diversos ensayos. A través de diversos tipos de estreses fueron simuladas imperfecciones y daños a estos sistemas de aislamiento. Fueron desarrolladas Herramientas para el diagnostico y mejor entendimiento de los mecanismos durante diferentes estreses de los sistemas de aislamiento.

La rigidez dieléctrica interna de estos sistemas de aislamiento esta determinada a corto plazo por disrupción eléctrica y a largo plazo por la disrupción térmica y la erosión eléctrica. El comportamiento de una pausa durante el envejecimiento eléctrico, térmico o electrotérmico no esta prevista en esos mecanismos. El análisis del comportamiento de descargas parciales bajo pausa o estrés muestra sin embargo diversas tendencias. Cambios en la presión de gas o en la conductividad eléctrica de las imperfecciones o cavidades en la resina epóxica son las causas para tales comportamientos. El número y la distribución de las cavidades incrementan la complexidad de la evaluación del comportamiento de las descargas parciales. El envejecimiento electrotérmico muestra complejos comportamientos de las descargas parciales los cuales no son explicables a través de la simple superposición de los efectos de envejecimientos térmico y eléctrico. Los análisis de la interfaz entre electrodo y aislamiento muestran el desarrollo del canal de disrupción en una dirección paralela al campo eléctrico durante estrés eléctrico y como un hoyo con una substancia blanca durante el estrés electrotérmico. Las estructuras amorfas de la resina epóxica fueron también reconocidas. El envejecimiento con 500 Hz causa una clara erosión de la protección externa contra la ionización in barras de estator, la cual no fue observada en envejecimiento con 50 Hz.

En el área de la rigidez dieléctrica externa fueron reconocidos diversos trazos en la superficie de los especimenes en dependencia de la conductividad térmica del material de relleno. Las consecutivas disrupciones disminuyen la rigidez dieléctrica externa que retorna después de un almacenamiento a través de la desaparición de los iones de la superficie. La limpieza después del almacenamiento influye marginalmente tal comportamiento. La rugosidad de la superficie de los especimenes muestra un incremento del voltaje de disrupción hasta determinados valores. Una rugosidad curveada muestra incrementos mayores de los voltajes de disrupción que la rugosidad perpendicular o la paralela al campo eléctrico. Las corrientes de aire causan incrementos de los voltajes de disrupción a través del desplazamiento de los iones de la superficie. La composición del material y la transición entre corrientes turbulentas y laminares causan diferencias entre los voltajes de disrupción.

Palabras clave: resina epóxica, rigidez interna, rigidez externa, tiempo de pausa, tiempo de estrés

Inhaltsverzeichnis Seite

Abkürzungen und Formelzeichen

SF_6	Schwefelhexaflourid
ϑ	Temperatur
ε_r	Dielektrizitätzahl
$tan\ \delta$	Verlustfaktor
$tan\ \delta_P$	Verlustfaktor der Prüflinge
$tan\ \delta_{PO}$	Verlustfaktor durch Orientierungspolarisation
$tan\ \delta_{PG}$	Verlustfaktor durch Grenzflächepolarisation
$tan\ \delta_L$	Verlustfaktor durch Leitungsverluste
$U_{z(+)}$	Positive Zündspannung
$U_{z(-)}$	Negative Zündspannung
U_p	Gesamte angelegte Spannung
U_h	Spannung im Hohlraum
TE	Teilentladung
C	Kapazität
R	Widerstand
F	Funkstrecke
M	Monomermolekül
P_n	Polymermolekül
n	Polymerisationsnummer
M_n	Molekulargewicht
ω	Kreisfrequenz
Z	Impedanz
C_k	Kopplungskondensator
K_k	Koaxialkabel
$U\sim$	Prüfspannungsquelle
C_a	Prüfling
A_v	Ankopplungsvierpol
M_g	TE-Messgerät
U	Spannung
I	Strom
I_w	Wirkstrom
I_b	Blindstrom
φ	Phasenwinkel
Δ_q	Ladungsänderung
ΔU	Spannungsänderung
$i_{(t)}$	Strom im Zeitbereich
q_m	Messbare Ladung
TEM	Transmission Electron Microscope
IEC	International Electrotechnical Comission
UV	Ultraviolett
U_s	Hochspannungsanregung
I_{pol}	Polarisationsstrom
I_{depol}	Depolarisationsstrom
t_A	Anregungszeit

$p{\cdot}s$	Produkt von Gasdruck und Elektrodenabstand
α	Ionisationskoeffizient (Erster Townsendkoeffizient)
γ	Elektronaustrittskoeffizient (Zweiter Townsendkoeffizient)
s	Elektrodenabstand (Schlagweite)
VPI	Vakuum-Druck-Tränkung (Vacuum Pressure Impregnation)
E	Feldstärke
N	Lebensdauerexponent
t	Zeit
$\mathrm{c_v}$	Spezifische Wärme pro Volumeneinheit
κ	Thermische Leitfähigkeit
σ	Elektrische Leitfähigkeit
∇	Nabla-Operator
AGS	Außenglimmschutz
U_d	Durchschlagspannung
V_m	Molvolumen
m	Masse
W	Energie
P	Leistung
Q	Ladung
Δt	Zeitraum
M,H,K	Verwendete Füllstoffe für Herstellung der Prüflinge
v_L	Luftgeschwindigkeit

1 Einleitung

Ein Isoliersystem erfüllt in der Elektrotechnik eine wichtige Aufgabe in Form der Isolierung der elektrischen Potenziale gegeneinander und gegenüber dem Erdpotenzial. Im Allgemein werden die elektrischen Isoliersysteme für alle möglichen Betriebsfälle geprüft, bevor eine optimierte Isolieranordnung zum Einsatz kommt. Diese Prüfungen sollen gewährleisten, dass die Isolierfähigkeit unter normalen Betriebsbedingungen ausreichend ist. Die Festigkeitswerte des Isoliersystems sind jedoch wesentlich höher als im Normalbetrieb erforderlich, damit unter normalen Betriebsbedingungen die Lebensdauer eines Isoliersystems unter Berücksichtigung der Alterungseffekte mindestens 30 Jahre beträgt. [Wasserberg-1] Unerwünschte Verschlechterungen der Materialeigenschaften durch entstehende Fehlstellen im Inneren des Isoliersystems oder Herstellungsfehler können allerdings die Lebensdauer des Isoliersystems stark reduzieren.

Fehler der Isolierung sind aber nicht nur auf das Innere eines Isolierkörpers begrenzt. Sie können auch im äußeren Bereich des Isolierkörpers auftreten, indem Verschmutzungen, Überschläge oder andere Umgebungsbedingungen die elektrischen Eigenschaften vermindern. Diese Beeinträchtigung der Isolierung wird durch Faktoren wie Luftdruck, Umgebungsfeuchtigkeit, Temperatur, Ultraviolettstrahlung und/oder Fremdstoffe in der Luft stark beeinflusst, und zeigt sich im Allgemeinen durch ein Absinken der Kriechstromfestigkeit. Die Empfindlichkeit eines Isolierstoffes gegenüber diesen Faktoren wird besonders von der chemischen Zusammensetzung bestimmt. Eine hohe Beständigkeit gegen diese Einflüsse sowie zusätzlich Hydrophobie sind daher für Isoliersysteme unter atmosphärischen Bedingungen sehr vorteilhaft. Für Isoliersysteme unter Vakuum oder Schwefelhexaflourid (SF_6) ist in der Regel nur die geometrische Gestaltung von Bedeutung, um mit Hilfe eines langen Kriechweges eine hohe äußere Festigkeit zu erreichen.

Zur Bewertung eines Isoliersystems gibt es verschiedene Messverfahren, die das Verhalten während unterschiedlicher Belastungen aufzeigen. Während der Entwurfsphase werden im Allgemeinen zerstörende Prüfverfahren eingesetzt, um die Grenzwerte der Isolierung zu ermitteln. Zerstörungsfreie Prüfmethoden werden später zur Feststellung der Isolierqualität bei Routine oder Abnahmeprüfungen angewandt.
Unter „zerstörenden Prüfverfahren“ ist die elektrische, thermische und mechanische Belastung bis zur Zerstörung des Prüflings zu verstehen. Diese Prüfungen können in sehr kurzer Zeit aber auch in sehr langen Zeiträumen durchgeführt werden. Der Unterschied zwischen diesen beiden Extremen eines zerstörenden Prüfverfahrens liegt in der Phänomenologie der Isolierstoffschädigung. Eine kurze und extrem hohe

Belastung verursacht nur an einem lokalen Schwachpunkt der Isolierung einen Durchschlag. Eine lange kontinuierliche und gering über den Betriebsbedingungen liegende Belastung zeigt hingegen die Schadensentwicklung an mehreren statistisch verteilten Schwachpunkten im Isoliersystem auf. Daher sind Kurzzeitversuche geeignet, um systematisch ein Isoliersystem durch die Entdeckung und Entfernung der Schwachpunkte zu verbessern. Langzeitversuche eignen sich stattdessen eher zur Beobachtung der Entwicklung der langsamen Isoliersystemverschlechterung infolge von Alterungsphänomenen.

Zerstörungsfreie Prüfmethoden erfordern keine hohen Belastungen, um einen Fehler im Isoliersystem zu erkennen. Zu den zerstörungsfreien Prüfverfahren zählen unter Anderem Ultraschallmessung, Kernresonanzspektroskopie, Polaristations/ Depolarisationsstrommessung, Bestimmung des Isolationswiderstandes und Erfassung von Teilentladungen, die vernachlässigbare schädigende Wirkung auf das Isoliersystem haben. Alle diese Diagnoseverfahren haben ihre Vor- und Nachteile, abhängig vom Diagnoseverfahren selbst und dem jeweiligen Isolierstoff.
Die Empfindlichkeit eines Diagnoseverfahrens ist für die Bewertung des Isolierungszustandes sehr bedeutsam, da die beginnenden Materialschädigungen meistens im mikroskopischen Bereich auftreten. Hierfür sind Prüfverfahren wie die Teilentladungsmesstechnik und die Polarisations- und Depolarisationsstrom-Messung besonders geeignet. Diese Prüfmethoden sind gemeinsam mit den traditionellen Messungen des dielektrischen Verlustfaktors und des Isolationswiderstandes die am häufigsten eingesetzten dielektrischen Messverfahren zur Zustandsermittlung eines Isoliersystems. Die nicht dielektrischen Diagnoseverfahren wie Ultraschall oder die Kernresonanzspektroskopie ermöglichen eine „optische" Kontrolle der Beschädigung eines Isoliersystems durch die Bilddarstellung des Prüflings. Ein Vergleich der Messergebnisse der dielektrischen und nicht dielektrischen Diagnoseverfahren kann sehr hilfreich sein, um den Ort eines Fehlers zu erkennen und dessen Auswirkung auf die dielektrischen Messergebnisse abzuschätzen.
Trotz der Entwicklung dieser Verfahren bleiben wegen der vielen Einflussfaktoren, die während einer Messung aufgetreten können, noch Fragen zur korrekten Bewertung des Isoliersystemzustandes offen. Die Einflussfaktoren können die Messungen in verschiedener Weise beeinträchtigen, sodass die physikalischen Vorgänge in der Fehlerstelle nicht mehr exakt erfasst werden. Eine Verminderung des Einflusses dieser Faktoren oder anderer Störungen ist deshalb oft erforderlich, um eine aussagekräftige Durchführung der Diagnosemessungen zu gewährleisten. Umgebungsstörungen können in Allgemeinen vor der Messung kompensiert werden, sodass diese nur eine minimale Auswirkung auf die Messergebnisse haben.

Weiterhin ist zu beachten, dass die Messergebnisse aufgrund anderer Faktoren wie Messgerätefehler, Bedienungsfehler und andere Einflüsse verfälscht werden können. Diese Fehler sind aber durch sorgfältige Messungen zu eliminieren. Eine erfolgreiche Erfassung und Erkennung einer Schädigung der Isolierung kann nur durch eine korrekte Messung und eine sinnvolle Interpretation der Messergebnisse erreicht werden. Informationen über die Art des Isolierstoffes und die Art der Belastung sind somit neben der richtigen Erfassung der fehlerrelevanten Parameter sehr wichtig für eine umfassende Beurteilung des Isoliersystems.

2 Parameter der inneren Festigkeit

Die innere Festigkeit eines Isoliersystems wird von Faktoren und Mechanismen bestimmt, die im Inneren des Isolierkörpers einen Einfluss auf die gesamte Festigkeit ausüben. Und ist wesentlich von der Belastungsart und –dauer abhängig. Die elektrische Belastung ist dabei der bestimmende Faktor für den Beginn einer nicht umkehrbaren Isoliersystemverschlechterung, da die erste Zersetzung des Isolierstoffes meistens im sogenannten elektronischen Stadium auftritt. Durch die mikroskopischen Zersetzungsprozesse werden chemische Neben- und Spaltprodukte erzeugt, die im Allgemeinen eine geringere dielektrische Festigkeit aufweisen. Thermische und mechanische Belastungen können ebenfalls eine chemische Zersetzung des Isolierstoffes bewirken. Allerdings reagiert der Isolierstoff deutlich langsamer auf eine thermische und mechanische Belastung, da die Mechanismen für eine Zersetzung aufgrund der geringen Aktivität pro Zeit zur Freisetzung von Elektronen nur eine langsame Zerstörung des Isoliersystems bewirken.

2.1 Mechanische Belastung

Die mechanische Ermüdung eines Feststoffes bezieht sich immer auf Bewegungen und Kontaktpunkte zwischen Isolierstoff und Elektrode. Die Klassifizierung der beteiligten unterschiedlichen Prozesse während der Feststoffermüdung ist wichtig, um die eigentliche Ursache für diese Ermüdungsvorgänge zu erkennen.

In **Bild 2.1** sind die möglichen Fälle von mechanischen Ermüdungsarten nach [Batchelor-1] aufgeführt.

Die mechanische Ermüdung in einem Epoxidharzisoliersystem kann durch verschiedene Mechanismen verursacht werden, Allerdings weisen die Abnutzungsmechanismen niedrige Auftrittswahrscheinlichkeiten auf, sodass für ein Epoxidharzisoliersystem nur in Ausnahmefällen die mechanische Belastung von Bedeutung ist.

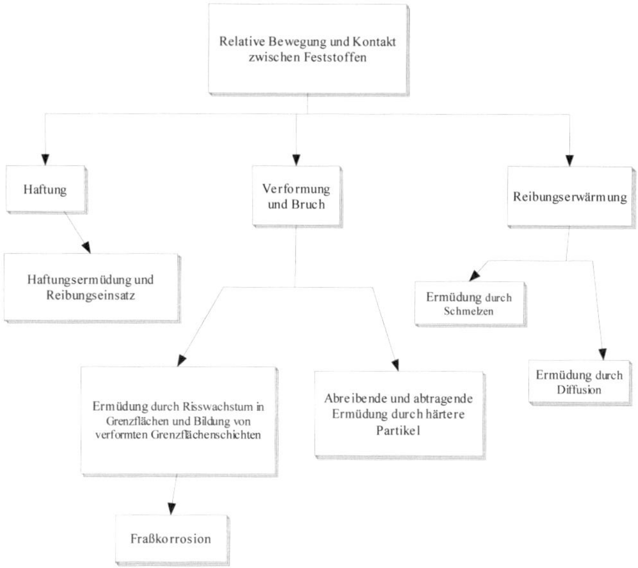

Bild 2.1: Klassifizierung der mechanischen Prozesse für die Ermüdung eines Feststoffes

2.2 Elektrische Belastung

Die Erkennung einer hohen elektrischen Belastung im Inneren des Isolierkörpers wird im Allgemein durch die Beobachtung von Spuren erfolgen, die der elektrische Durchschlag im Isolierstoff hinterlassen hat. Ein elektrischer Durchschlag kann sich in Abhängigkeit von der Belastung und der Zeit als rein elektrischer Durchschlag oder als sogenannter Erosionsdurchschlag entwickeln.

Diese Durchschlagmechanismen treten mit ähnlichen Auswirkungen in allen festen Isolierstoffen auf, obwohl für jede Feststoffisolierung die Dauer, bis der vollständige Durchschlag eingetreten ist, sehr unterschiedlich sein kann. Generell kann für feste Isolierstoffe nach umfangreichen experimentellen Untersuchungen ein empirisches Lebensdauergesetz zur Beschreibung des Lebensdauerverhaltens eingesetzt werden:

$$E^N \cdot t = const. \tag{2.1}$$

E bezeichnet die Belastungsfeldstärke, t die Belastungszeit und N bildet den Lebensdauerexponenten, der je nach der Art des Isolierfeststoffes unterschiedlich ist.

Die Theorien über die Durchschlagmechanismen in Feststoffisolierungen sind nicht eindeutig, da die Prozesse im Gegensatz zu Gasen nicht sicher geklärt sind. Es wird davon ausgegangen, dass der Durchschlag in Form einer Elektronenlawine im Isolierstoff erfolgt. Insbesondere die Theorie von [Sparks-1] über die Erregung und Bewegung der Elektronen in einem kristallinen Isolierstoff ist von Bedeutung. Hierbei wird angenommen, dass sich ein Anfangselektron in willkürlicher Art durch das kristalline Gitter bewegt und vor jeder Kollision mehr kinetische Energie aufnimmt, bis es schließlich ins Leitungsband springt. Dann verliert es seine kinetische Energie durch die Wechselwirkung der Relaxationsfrequenzen der Phononen des Gitters wieder und generiert Elektronen bzw. Photonen, so dass ein Exziton (Exciton) im Leitungsband generiert wird, das als Übergang des Zustandes zwischen einem Elektron und seinem Loch gilt. Damit werden günstige Bedingungen für die nachfolgende Generation anderer Elektronen geschaffen, die sich dem ersten Elektron anschließen. Dieser Prozess wiederholt sich solange, bis eine kritische Elektronzahl erreicht wird. Der Unterschied zwischen dieser und den anderen Theorien [Fröhlich-1], [O'Dwyer-1], [Beyer-1] ist die Berücksichtigung der Wechselwirkung der Relaxationsfrequenzen der Phononen und Elektronen bzw. Photonen in Matrixform. Damit kann auch der Einfluss der Frequenz und der Temperatur auf den Durchschlag teilweise erklärt werden. Eine Wirkung von Exzitonen und Phononen wurde schon in früheren Modellen berücksichtigt, indem im Polaron-Modell und für das hohe energetische Kriterium von Fröhlich, modifiziert von Stratton, diese Ursache erwähnt wird [O'Dwyer-1]. Nach [O'Dwyer-1] benutzen andere Autoren das Konzept des Generationenmechanismus des Gasdurchschlages aber in einer veränderten Form, da dort die Lawine aufgrund mehrerer Elektronengenerationen zwischen Kathode und Anode entstehen kann. Die Generationenzahl entspricht ungefähr 40 Generationen, wenn die kritische Anzahl der Elektronen als 10^{12} angenommen wird. Diese Theorien wurden ausschließlich für kristalline Isolierstoffe entwickelt, sodass ihre Anwendung auf Materialen, die keine reine kristalline Struktur besitzen, nicht unmittelbar zulässig ist, sodass andere Theorien eingesetzt werden sollen.

Leitungsverluste werden in jedem Isolierstoff zu einem großen Anteil von den freien beweglichen Elektronen verursacht, die einen Strom zwischen den Elektroden verursachen und sich deswegen im Leitungsband befinden. Der Leitungsbandbegriff wurde zunächst von Hippel begründet [Fröhlich-1]. Später konnten die Lücken dieser Theorie durch die Forschungen von Fröhlich ergänzt werden. Die Theorie basiert auf der Tatsache, dass sich der Durchschlagkanal in einem Kristallgitter immer in solche Richtungen entwickelt, in der die Elektronen die kleinste potenzielle Schwelle überwinden müssen.

Das so genannte “Fröhlichsche Bändermodell“ basiert auf dem Konzept, dass es in einem Kristallgitter drei energetische Stufungen für Elektronen gibt. Diese energetischen Ebenen sind das Valenzband, eine verbotene Zone und das Leitungsband. Der energetische Abstand zwischen Valenzband und Leitungsband wird durch die verbotene Zone dargestellt. Dadurch wurde es möglich, den Unterschied zwischen Isolatoren, Halbleitern und Leitern zu erklären. Die Größe der verbotenen Zone entspricht dabei dem energetischen Niveau der Bindungsenergie, welche die Elektronen im Verbundstoff in Bezug auf die molekulare Art der Bindung aufweisen.
Die Atome sind sowohl für einen Leiter als auch für eine Isolierung in einer kristallinen Struktur angeordnet. Der Unterschied zwischen den Materialien liegt in der Elektronenkonfiguration auf dem höchsten Energieniveau. Für einen Leiter ist eine einfache Loslösung eines Elektrons aus seiner höchsten Umlaufbahn unter geringem Energieaufwand möglich. In einem Isolator ist das Elektron wegen seiner starken Anbindung an das Atom nur mit einer höheren Energie von seiner Anbindung zu trennen. Für Isolatoren existiert deshalb eine größere verbotene Zone, während für Leiter diese Zone nicht vorhanden ist, wie im **Bild 2.2** an einer Energieniveaudarstellung zu erkennen ist.

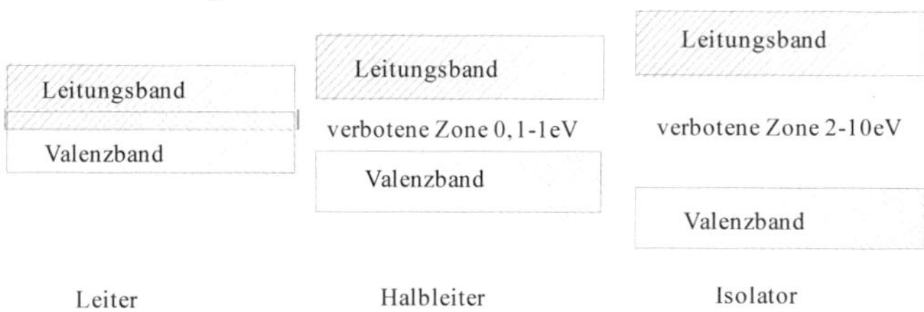

Bild 2.2: Energieniveaus der drei möglichen Materialarten

Eine Weiterentwicklung dieser Theorie ist in der Arbeit von Bauser [Kotte-1] zu finden. In der mit einem verbesserten Ansatz die energetischen Grenzen zwischen dem Leitungsband und der verbotenen Zone sowie dem Valenzband nicht als scharfe Grenzen definiert werden. Je nach der Struktur des amorphen oder kristallinen Aufbaus des betrachteten Materials sind somit auch keine festen Energiegrenzwerte vorhanden, sodass unterschiedliche Materialstrukturen und Gitterplätze an verschiedenen Positionen im Material existieren. Durch diese Darstellungsart sind stochastisch verteilte tiefe und flache Haftstellen im Isolierstoff möglich, die mit einem mittleren energetischen Abstand zwischen dem Valenz- und Leitungsband beschrieben werden können, wie es im **Bild 2.3** dargestellt ist.

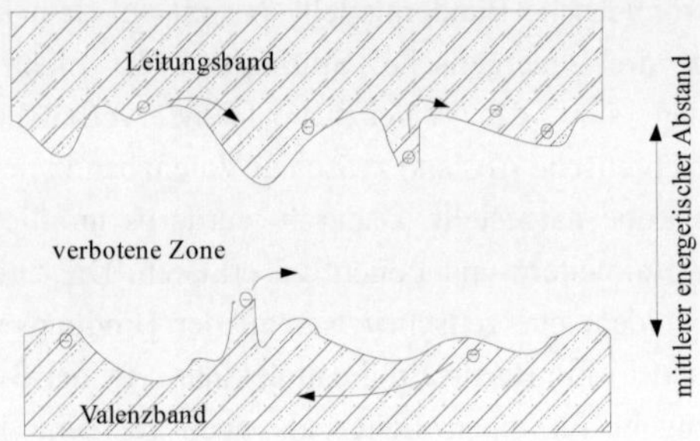

Bild 2.3: Darstellung der energetischen Bänder in einem nicht idealen Isolierstoff

Bei Belastung einer solchen Struktur durch ein elektrisches Feld können sich einige Elektronen von ihren molekularen Bindungen befreien, das Valenzband verlassen und in das Leitungsband gelangen und somit am Leitungsprozess teilnehmen. Der mittlere Bandabstand für die verbotene Zone beträgt für Epoxidharz etwa 4,5 bis 5 eV [Kotte-1].

Eine andere Form des Durchschlagmechanismus, der für die Beschädigung eines festen Isolierstoffs in Frage kommt, ist der Erosionsdurchschlag. Während der betrieblichen Belastung soll jeder Isolierstoff langfristig ohne größere Schädigungen bleiben, was in der Regel durch Routineprüfungen kontrolliert wird. Im betrieblichen Einsatz kann eine lange elektrische Belastung trotzdem zu einer Schädigung des Isoliersystems führen, indem durch die Entstehung von Teilentladungskanälen im Innern des Isolierkörpers in Fehlstellen wie z.B. Mikrohohlräumen, eine langsam fortschreitende Zerstörung erfolgt. Solche sich langsam entwickelnden Schädigungen werden auch als Alterung bezeichnet, wobei sich die dielektrischen Eigenschaften des Isoliersystems langsam und teilweise unbemerkt vermindern.
Die unterschiedlichen Durchschlagmechanismen benötigen auch verschiedene Zeiträume. Der rein elektrische Durchschlag erfolgt meist im Zeitbereich von weniger als einer Sekunde [Beyer-1], während der Erosionsdurchschlag besonders stark von der Art der Isolierung, den Betriebsbedingungen und der Herstellungsqualität abhängt und im Zeitbereich von Jahren oder sogar Jahrzehnten auftreten kann [Farahani-1], [Wasserberg-1].

Im Allgemeinen werden äußere Entladungen oder Korona als Ionisationsverluste bezeichnet. Äußere Entladungen stellen aber nur einen Teil der gesamten Ionisationsverluste in einer Isolierung dar, der andere Teil wird von den inneren Entladungen, den so genannten Teilentladungen verursacht. Die gesamten Ionisationsverluste können daher in äußere und innere Entladungen unterteilt werden.

Die äußeren Entladungen oder Koronaerscheinungen treten an Stellen einer inhomogenen Verteilung des elektrischen Feldes z.B. an scharfen Kanten oder Konturen von Leitern, Zubehörteilen usw. auf. Die Verwendung von Wechselspannung reduziert die Erzeugungsrate der Ionen wegen des Wechsels der Spannungspolarität, da die negativen und positiven Ionen ihre Ladung durch Zusammenstöße verlieren können. Der Ionisationspegel nimmt jedoch wegen der noch vorhandenen Ionen zu. Bei Gleichspannung werden Ionen derselben Polarität erzeugt, sodass eine zunehmende Ionisation der Umgebung erfolgt, die die Verteilung des elektrischen Feldes stark beeinflusst und eine Ansammlung der Ionen erzeugt.

Die Betrachtung der Vorgänge bei Teilentladungen erfolgt zunächst bei Wechselspannung. Der Verlauf der Wechselspannung erzeugt mehr oder weniger regelmäßig auftretende Teilentladungen. Eine Teilentladung erfolgt dann in einem Hohlraum im Isolierkörper, wenn die lokale Feldstärke größer als die Zündfeldstärke des Hohlraums ist. Wenn eine Wechselspannung an einen Isolator (U_p) mit einem Hohlraum angelegt wird, findet ein typischer Spannungsverlauf in Hohlraum statt. Die Hohlraumspannung (U_h) folgt zunächst dem Verlauf der angelegten Spannung (U_p) bis die dielektrische Festigkeit des Hohlraumes mit der Zündspannung (U_z) erreicht wird ($U_{z(+)}$ oder $\mathrm{U}_{z(-)}$) und ein Durchschlag des Hohlraumes stattfindet. Die Hohlraumspannung bricht zusammen und steigt anschließend wieder an, wobei sie der angelegten Spannung (U_p) folgte bis erneut die Zündspannung (U_z) erreicht wird. Dieser Vorgang wiederholt sich solange, bis die Spannung nicht mehr die dielektrische Festigkeit des Hohlraumes erreicht, da die Hohlraumspannung weiter dem Verlauf der angelegten Spannung folgt, und die Polarität wechselt. Die Hohlraumspannung steigt erneut an aber mit anderer Polarität an, bis auch hier die dielektrische Festigkeit des Hohlraumes und somit die Zündspannung erreicht wird. Dann erfolgt erneut ein Spannungszusammenbruch und die Spannung steigt wieder an bis zum nächsten Erreichen der Zündspannung. Die Spannungszusammenbrüche können dann infolge der Ladungsverschiebung als Stromimpulse erfasst werden. Mit einer Integration über die Zeit ergibt sich dann eine Ladung, die als scheinbare Ladung bezeichnet wird. Diese Art der Entladungen wird als Teilentladungen bezeichnet, da im kleinen Hohlraum eine Entladung stattfindet.

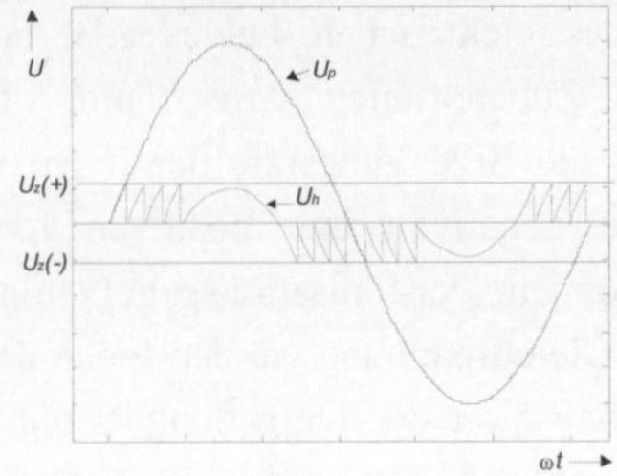

Bild 2.4: Zeitverlauf der Spannung in einem Hohlraum mit Teilentladungen

$U_{z(+)}$ Positive Zündspannung — $U_{z(-)}$ Negative Zündspannung

U_p Gesamte angelegte Spannung — U_h Spannung im Hohlraum

Im **Bild 2.4** ist der Spannungsverlauf während der TE-(Teilentladung)Vorgänge in einem Hohlraum dargestellt. Die Messung dieser TE-Vorgänge ist die Grundlage der Bewertung der Materialqualität des Isoliersystems. Die elektrische Ersatzschaltung als Modell für das Teilentladungsverhalten in einer Isolierung wurde von Kirch, Gemant und Philipoff entwickelt [Plinke-1]. Eine Aufteilung in verschiedenen Kapazitäten erfolgt wegen der unterschiedlichen Feldstärke, wie es in **Bild 2.5** dargestellt ist. Wegen der unbekannten und unterschiedlichen Hohlraumgeometrie sind die Kapazitäten in der Realität nicht bekannt, sodass die an den äußeren Klemmen erfasste Ladungsänderung nur ein relatives Maß für die Teilentladungsvorgänge in Inneren des Isoliersystems darstellt.

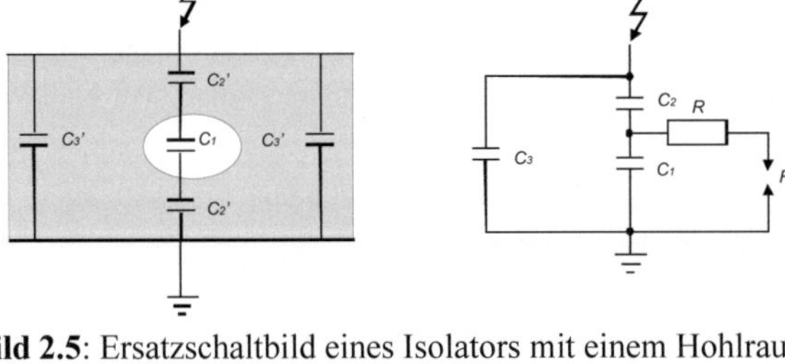

Bild 2.5: Ersatzschaltbild eines Isolators mit einem Hohlraum.

C_1 Kapazität des Hohlraums — C_2 Kapazität zwischen Hohlraum und Elektrode

C_3 Kapazität des Restisolators — F Funkenstrecke

R Widerstand

Die Ersatzschaltung im **Bild 2.5** dient als elektrisches Modell für die TE-Vorgänge in einem Isolator mit einem Hohlraum. Die Funkstrecke F bildet zusammen mit dem Widerstand R die Ersatzdarstellung für die Entladung des Hohlraums, wobei der Widerstand zur Begrenzung der Entladezeit des Kondensators dient.

Äußere Entladungen oder Korona treten in Abhängigkeit der Polarität im Gegensatz zu inneren Teilentladungen in der Nähe des Scheitelwerts der angelegten Spannung auf. Aufgrund des Zeitpunktes des Auftretens der Entladungen im Bezug auf zeitlichen Verlauf der angelegten Wechselspannung lassen sich äußere Entladungen und innere Teilentladungen in einem Hohlraum gut unterscheiden.

Das **Bild 2.6** zeigt den Zeitverlauf der Spannung während des Auftretens einer äußeren Entladung. U_k symbolisiert die lokale Spannung im Bereich der Entladung.

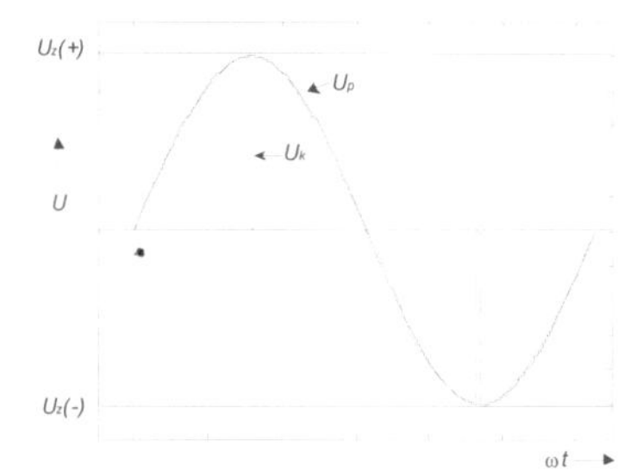

Bild 2.6: Zeitverlauf der Spannung für eine äußere Entladung (symmetrische Anordnung)

$U_{z(+)}$	Positive Zündspannung	$U_{z(-)}$	Negative Zündspannung
U_p	Gesamte angelegte Spannung	U_k	Spannung der äußere Entladung

2.3 Thermische Belastung

Bei der thermischen Belastung von Isoliersystemen treten verschiedene Mechanismen auf, die als einzelne Faktoren der Belastung des Isoliersystems oder in Verbindung mit einer elektrischen Belastung betrachtet werden können. Die Erwärmung während des Betriebs kann zu einer Schädigung des Isoliersystems führen, sodass zunächst die Mechanismen der Schädigung eines polymeren Isolierstoffes durch thermische Belastung betrachtet werden sollen.

Der thermische Alterungsvorgang bei den Polymeren ist ein komplexer Prozess, bei dem viele unterschiedliche chemische Reaktionen auftreten können. Eine davon ist der

Abspaltungsprozess von Randgruppen (Side-group elimination), bei dem ein Teil der am Rand befindlichen Polymerstruktur von der Hauptkette des Polymers getrennt und eliminiert wird. Das zurückbleibende Makromolekül ist ein instabiles Polyen, das wegen seiner Doppelbindung noch weitere chemische Reaktionen durchlaufen kann, bei denen aromatische Moleküle entstehen, oder eine Aufspaltung in kleinere Teile erfolgt [Pielichowski-1]. Die Abspaltung der Randgruppen erfolgt dabei durch einen nicht radikalen Mechanismus, wobei die intramolekularen Reaktionen in den Polymeren bei Frequenzen von ca. 10^{13} s^{-1} erfolgen und Aktivierungsenergien von 40-60 kcal/mol benötigen [Kelen-1].

Die häufigste Art der Zersetzung eines Polymers ist die zufällige Kettenabspaltung (Random chain scission), die eine Bildung von freien Radikalen an irgendeinem Punkt der Hauptkette des Polymers zur Folge hat. Dadurch werden Ketten so genannter Oligomere mit unterschiedlicher Kettenlänge erzeugt [Pielichowski-1]. Diese Zersetzung kann nur in den Schwachpunkten eines Polymers beginnen. Wenn diese Reaktionen einmal eingesetzt haben, verbreiten sie sich zufällig weiter auf die anderen Molekülbindungen, wobei die dabei entstehenden reaktiven Radikale stochastisch weitere Bindungen angreifen. Die chemischen Bindungen, die von der Zersetzung des Polymers betroffen sind, werden alle mit der gleichen Spaltungsenergie aufgebrochen [Kelen-1]. Die stochastisch verteilten Spaltungsvorgänge im Polymer und die Zersetzungsprodukte zeigen sich in einer Abnahme des molekularen Gewichts und im Auftreten von flüchtigen und festen Zerfallsprodukten mit einem hohen Kohlenstoffanteil [Pielichowski-1].

Die Depolymerisation ist der gegenteilige Reaktionsprozess der Polymerisation, sodass die Depolymerisation als ein Mechanismus von freien Radikalen betrachtet werden kann, wobei sich das Polymer in Monomere oder Comonomere zersetzt. Die Bildung von freien Radikalen in der Hauptkette des Polymers verursacht eine Abspaltung von Monomeren. Das freie Radikal breitet sich weiter auf der Hauptkette aus, bis das Polymer und das Monomer ein temperaturabhängiges Gleichgewicht erreichen [Pielichowski-1]. Die dabei erreichte Temperatur wird auch Ceiling-Temperatur genannt, und es existiert eine allgemeine Beziehung (2.2), die für alle Polymere geeignet ist.

$$M \Leftrightarrow \frac{1}{n} P_n \tag{2.2}$$

M steht in dieser Beziehung für ein Molekül des Monomers, P_n für ein Molekül des Polymers bestehend aus *n* Molekülen des Monomers und *n* für die durchschnittliche Zahl der Monomer-Moleküle des Polymers.
Die Depolymerisation beginnt ähnlich wie ein zufälliger Kettenabspaltungsprozess, wobei der Prozess aber vornehmlich auf die Monomere am Ende der Hauptkette wirkt, die nur kleinen Bindungsenergien aufweisen. Die notwendige Energie zur Spaltung von Monomeren wird auch als Aktivierungsenergie bezeichnet und ist für jedes Polymer unterschiedlich. Typische Werte hierfür liegen zwischen 8 und 19 kcal/mol [Kelen-1].

Beim Anlegen einer Spannung an ein Isoliersystem wird ein kleiner Strom erzeugt, der wegen der vorhandenen Verluste eine Erhöhung der Temperatur des Isoliersystems verursacht. Diese Wärmezunahme beeinträchtigt die dielektrischen Eigenschaften des Isolierkörpers in Form einer Energiezufuhr, so dass die Bindung zwischen den Atomkernen und den Elektronen auf den jeweils höchsten Elektronenbahnen geringer wird.

Eine thermische Belastung wird in der Gleichung (2.1) nicht berücksichtigt, weil die Beziehungen zwischen thermischer und elektrischer Belastung und ihre Auswirkungen auf die Lebensdauer noch nicht eindeutig bestimmt sind. Jedoch ist eine Beziehung zwischen Temperatur und dem kritischen elektrischen Feld aus der Gleichung (2.3) zu erkennen [O'Dwyer-1].

$$c_v \frac{\partial \vartheta}{\partial t} - div(\kappa \cdot grad\vartheta) = \sigma \cdot E^2 \qquad (2.3)$$

c_v ist die spezifische Wärme pro Volumeneinheit, ϑ die Temperatur, κ die thermische Leitfähigkeit, σ ist die elektrische Leitfähigkeit und *E* das elektrische Feld.
Die Divergenz des Gradienten der Temperatur verkörpert die Wärmeverluste des Isolierstoffs je nach Art der thermischen Belastung, die z.B. für eine impulsförmige Belastung aufgrund ihres dynamischen Verhaltens vernachlässigt werden kann. Gleichung (2.3) stellt die mathematische Erklärung für den Zusammenhang der elektrischen und thermischen Belastung dar, wenn die kritische Feldstärke erreicht wird, und die Wärmeerzeugung größer als die Wärmeabgabe ist. Diese Situation ist mit einer Verringerung der verbotenen Zone (siehe **Bild 2.2**) durch eine Energiezufuhr vergleichbar.
Wärmeprozesse sind bei jedem Isolierstoff inhärent, da jeder Isolierstoff elektrische Verluste unter normaler Umgebungstemperatur aufweist. Beispielhafte Untersuchungen an verschiedenen Kabeln bei 23°C und 200°C bei einer

Spannungsbelastung mit 400 Hz zeigen, dass durch den Temperaturunterschied die Durchschlagspannung bis ca. 30% vermindert werden kann [Hammoud-1].

Bei hohen Betriebsfrequenzen wird auch durch die Polarisation Wärme erzeugt, die als Verluste im Isolierstoff betrachtet werden können, und Polarisationsverluste genannt werden.
Die Polarisation ist definiert als das elektrische Moment pro Volumeneinheit [Debye-1]. Die Polarisationsverluste basieren auf Deformations-, Ionen-, Orientierungs-, Grenzflächen- und Randschichtpolarisationserscheinungen. Die Polarisation Mechanismen treten unter verschiedenen Belastungsbedingungen auf. Die Grenzflächenpolarisation dominiert, wenn die Frequenz der elektrischen Belastung unterhalb 10^3 Hz liegt. Bei der Dipol-Orientierungspolarisation werden die stärksten Verluste verursacht, wenn die Frequenz zwischen 10^8 Hz und 10^{12} Hz liegt. Die Deformationspolarisation ist die hauptsächliche Ursache der Verluste bei sehr hohen Frequenzen (**Bild 2.7**).

Die deutliche Abhängigkeit der Verluste und der Dielektrizitätszahl von den unterschiedlichen Frequenzen ist aus **Bild 2.7** zu erkennen. Bei Überlagerung von Frequenzen werden sich auch die unterschiedlichen Polarisationsmechanismen überlagern.

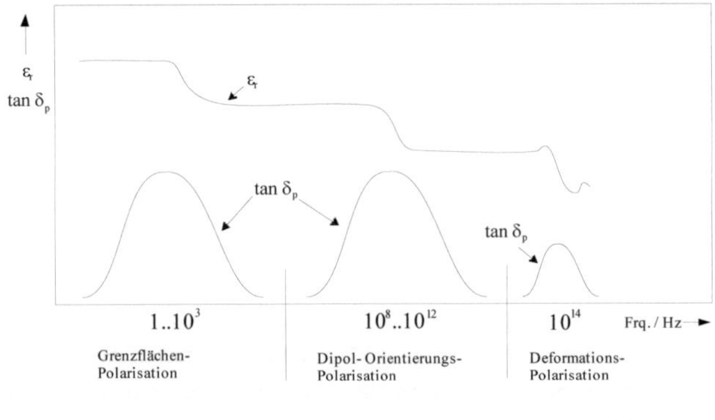

Bild 2.7: Einfluss der Frequenz auf den Verlustfaktor und die Dielektrizitätszahl

Die Polarisationsmechanismen sind auch abhängig von der Temperatur (**Bild 2.8**). Durch Temperaturänderungen werden unterschiedliche Polarisationsmechanismen hervorgerufen, die auch die Verlustmechanismen verändern. Zusätzlich sind Änderungen in der Dielektrizitätszahl und der Feldstärkeverteilung zu erwarten.

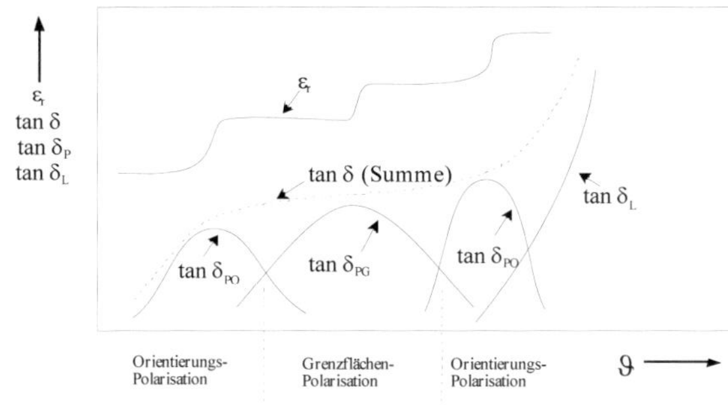

Bild 2.8: Abhängigkeit der Dielektrizitätszahl und des Verlustfaktors von der Temperatur

3 Parameter der äußeren Festigkeit

Die äußere Festigkeit eines Epoxidharzisoliersystems wird durch mehrere Faktoren bestimmt, wie Kriechweg, Struktur der Oberfläche, Temperatur Feuchtigkeit, Luftdruck, äußere Entladungen etc. Einige dieser Faktoren können in Abhängigkeit der Anwendung des Isoliersystems vernachlässigt werden. Im Folgenden werden einige von diesen Faktoren beschrieben.

3.1 Kriechweg

Durch Änderungen in der Länge des Kriechwegs kann auf eine einfache Weise die äußere Festigkeit beeinflusst werden, da der Abstand zwischen den Elektroden für die äußere Festigkeit genauso bedeutsam ist wie für die innere Festigkeit. Internationale Normen wie die [IEC-60664-5] beinhalten Empfehlungen für Kriechweglängen bei Spannungen bis zu 10 kV unter besonderen Wetterbedingungen.

Die Möglichkeit der Gestaltung einer Kriechstrecke während des Designs eines Epoxidharzisoliersystems ermöglicht es, mit bestimmten Konturen und Umrissen eine wirksame Verlängerung der Strecke und damit Erhöhungen der äußeren Festigkeit des Isolierkörpers zu erreichen. Neben der Auswahl der Kontur muss auch die Polarität der Belastung berücksichtigt werden [Metzer-1, Zhong-1, Discussion-1].

Bei Gleichspannung, Wechselspannung oder Stoßspannung können unterschiedliche Überschlagsprozesse von Bedeutung sein, sodass unterschiedliche Kriechstrom Festigkeiten für die jeweiligen Spannungsformen erreicht werden und damit unter Umständen eine Optimierung für nur eine bestimmte Spannungsart erreicht werden kann.

3.2 Atmosphärische Bedingungen

Normen wie die [IEC-60060-1, IEC-60472] zeigen, wie groß den Einfluss des Luftdrucks auf die äußere Festigkeit auf, sodass Epoxidharzisoliersysteme in Hannover nicht dieselbe Spannungsfestigkeit aufweisen wie in Puebla, das auf etwa 2100 m über N.N. liegt.

Eine Erhöhung der Temperatur beeinträchtigt die äußere Festigkeit der Epoxidharzisoliersysteme ähnlich wie die innere Festigkeit, da dieselben Mechanismen auftreten können. Jedoch wirken auf die Oberfläche auch andere Mechanismen wie Konvektion, Kondensation und thermische Diffusion ein, die in

Verbindung mit flüchtigen organischen Verbindungen aus der Umgebung z.B. eine Ablagerung von Fremdstoffen auf der Isolieroberfläche verursachen können [Rudolphi-1].

Die Umgebungsfeuchte kann auf zwei Arten die äußere Festigkeit eines Epoxidharzisoliersystems verändern. Im Zusammenhang mit der Temperatur ist eine Begünstigung der Ablagerung von Fremdstoffen auf die Isolieroberfläche [Rudolphi-1] möglich, in Verbindung mit Gleichspannung ist eine Erhöhung der Raumladungen denkbar, die Entladungen auf der Oberfläche begünstigen [Lemke-1].

3.3 Oberflächenbeschaffenheit

Bei Anwendung von Gleichspannung kann eine unerwünschte Aufladung der Isolieroberfläche auftreten, die zusätzlich eine Begünstigung für die Ablagerung der Fremdstoffe verursacht.

Die Auswirkungen einer Luftströmung an der Isolieroberfläche auf die elektrische äußere Festigkeit wird in der Regel vernachlässigt, da der Einfluss nur im Zusammenhang mit anderen Faktoren wie Salzablagerung [Ravelomanantsoa-1] oder Nebel [Kim-1] untersucht wurde.

Der Einfluss der Rauigkeit einer Isolieroberfläche auf die äußere Festigkeit ist unklar, da einerseits eine Verringerung der Kriechstromfestigkeit infolge der Rauigkeit [Ding-1], andererseits eine Erhöhung der Kriechstromfestigkeit infolge der Rauigkeit beobachtet wurde [Gray-1]. Die Rauigkeit der Isolieroberfläche kann als eine Verformung des Kriechwegs aufgefasst werden, so dass in Abhängigkeit von Richtung und Tiefe eine Verlängerung oder Verkürzung des Kriechweges entsteht.

Der Begriff Triple junction point bezieht sich in Allgemein auf einen Punkt, an dem drei unterschiedliche Aggregatzustände auftreten. Die drei Aggregatzustände können auch drei unterschiedliche Stoffe mit unterschiedlicher Dielektrizitätszahl sein. Im Fall der äußeren Festigkeit bilden Isolierstoff, Elektroden und umgebende Luft die drei unterschiedlichen Stoffe. Der Einfluss des Triple junction point ist sehr stark von den Winkeln abhängig, die die jeweiligen Materialen zueinander aufweisen [Yamano-1].

4 Durchschlagmechanismen

4.1 Durchschlagmechanismen in Gasen

Die Durchschlagmechanismen in Gasen sind den Überschlagmechanismen von Isolatoren sehr ähnlich. Entscheidend für den Durchschlag sind die Gasart, Gasdruck, die Länge der Durchschlagstrecke und das Elektrodematerial.

Im homogenen elektrischen Feld werden zwei Theorien über der Entwicklung eines Gasdurchschlags eingesetzt, die als Streamerdurchschlagmechanismus und Generationendurchschlagmechanismus bekannt sind. Komplexe Mechanismen wurden im SF_6 und anderen Gasen beobachtet [Chalmers-1].

In einem homogenen Feld entstehen Ladungsträger durch Ionisationsprozesse in Form einer Lawine. Innerhalb der Lawine befinden sich der Lawinenkopf und der Lawinenkegel, wobei sich im Lawinenkopf eine hohe Konzentration negativer Ladungen und im kegelförmigen hinteren Lawinenteil hauptsächlich positive Ladungsträger befinden. Eine vereinfachte Darstellung der Ladungsträgerverteilung ist in **Bild 4.1** dargestellt.

Bild 4.1: Verteilung der Ladungsträger bei einem Streamerdurchschlag

Bei der Ionisation werden auch Photonen erzeugt, die verantwortlich für das Auftreten einer UV-Strahlung während des Durchschlagvorganges sind. Diese Photonen können sich im Gasraum sehr schnell bewegen und den Startpunkt für weitere Lawinen bilden, sodass ein vollständiger Durchschlag der Gasstrecke mit dem Zusammenbruch der Spannung zwischen den Elektroden in sehr kurze Zeit erfolgen kann. Die Vorwachsgeschwindigkeit einer Lawine für diesen Entladungsmechanismus beträgt ungefähr 10^8 cm/sec oder 1m/µs [Raether-1]. Bei dieser Durchschlagart wird davon ausgegangen, dass die erste Lawine selbst bereits einen vollständigen Durchschlagkanal bildet, so dass eine Erzeugung von Elektronen durch auftreffende positive Ionen auf die Kathode für einen vollständigen Durchschlag nicht erforderlich ist. Das Durchschlagkriterium für diesen Mechanismus ist die Anzahl der Elektronen im Lawinenkopf, die ungefähr 10^8 Elektronen beträgt [Beyer-1].

Der Generationenmechanismus ist wegen der Verbindung zum Paschengesetz auch als Townsendmechanismus bekannt. Der Generationendurchschlagprozess weist, im Vergleich zum Streamerdurchschlagprozess, einige unterschiedliche Merkmale auf. Einige Elektronen werden aus der Kathode herausgelöst und erzeugen neue Elektronen in exponentieller Weise während der Durchquerung des Gasraumes. Dabei entstehen positive Ionen, die zur Kathode gehen, und dort neue Anfangselektronen bilden, sodass eine neue Generation von Elektronen für eine Lawinenbildung zur Verfügung steht. Der Prozess wiederholt sich, solange die Anzahl der entstehenden Elektronen größer als die der Anfangselektronen ist. Mit zunehmender Zahl der Generationen erhöht sich die Zahl der Ladungsträger, sodass die kritische Zahl der Elektronen erreicht wird. Wegen der für die Entstehung neuer Elektronen notwendiger Zeit werden langsamere Vorwachsgeschwindigkeiten von einige µs beobachtet.

Das Produkt von Druck mal Elektrodenabstand „$p{\cdot}s$“ wird im Allgemeinen als entscheidendes Kriterium für den Übergang vom Generationen- zum Streamermechanismus angesehen. Ein Wert von mehr als 130 Pam führt zu einem Streamerdurchschlagmechanismus [Chalmers-1]. Werte darunter bewirken einen Durchschlag nach dem Generationenmechanismus. Dieser Grenzwert ist aber nicht eindeutig bewiesen. Der Ionisationskoeffizient eines Gases (α), der auch als erster Townsendkoeffizient bezeichnet wird, sowie der Ionisationskoeffizient (γ), der auch zweiter Townsendkoeffizient genannt wird, können in Verbindung mit dem Elektrodenabstand (s) als Variablen verwendet werden, um den Durchschlagmechanismus nach der Gleichung (4.1) (Durchschlagbedingung) zu erklären [Raether-1].

$$\frac{1}{\gamma} = e^{\alpha \cdot s} \tag{4.1}$$

Bei gleichem Gas und gleichem Elektrodenmaterial bestimmt der Elektrodenabstand den Übergang zwischen den beiden Mechanismen. In Luft erfolgt bei einem Druck von 1 bar (100 kPa) der Durchschlag nach dem Generationenmechanismus bis zu einem Abstand von 50 mm. Für größere Elektrodenabstände erfolgt der Durchschlag eher nach dem Streamermechanismus, der eine Elektronenanzahl (10^8) als Durchschlagkriterium aufweist.

Im inhomogenen elektrischen Feld sind die Raumladungseinflüsse durch die Ionisation im Bereich höherer Feldstärke zu beachten.

Der Durchschlag in inhomogenem Feld bei positiver Spitze tritt zunächst in der Form einer Ionisation der Umgebung in der Nähe der Spitze auf. Mehr positive Ionen bilden eine größere Raumladung vor der Spitze, die ständig wächst und den Abstand zwischen positive Raumladung und negative Platte verkleinern. Deshalb tritt zunächst den Durchschlag bei positive Polarität der Spitze auf.

Bei negativer Spitze muss ein Startelektron in der Nähe der Spitze entstehen, sodass eine Zeitverzögerung zu erwarten ist. Mehrere Elektronen werden aus dem Spitze ausgesendet und die ersten Erscheinungen treten auf. Zwischen die Platte und die Spitze sammeln sich die Positive Ionen und Elektronen, sodass eine Verkleinerung des Abstandes zwischen Platte und Spitze bildet. Deshalb ist die Durchschlagspannung bei negativer Polarität der Spitze höher als bei positive Polarität.

4.2 Durchschlagmechanismen in Feststoffen

Der Erosionsdurchschlag kann auch als eine Alterung über eine lange Zeit angesehen werden, wobei mikroskopische Verunreinigungen oder Hohlräume, die als Störstellen für das Dielektrikum bezeichnet werden, unterstützend wirken. Die Zerstörung des Dielektrikums erfolgt zunächst an den Störstellen und breitet sich dann aus, bis ein vollständiger Durchschlagkanal entstanden ist.

Der elektrische Durchschlag erfolgt durch eine kurzeitige Belastung. Theorien über den Mechanismus des elektrischen Durchschlages wurden von Hippel und Fröhlich entwickelt, die auf kristallinen Strukturen des Isolierstoffes basieren. Zusätzliche Theorien für anisotropen Materialen existieren ebenfalls.

Der Wärmedurchschlag ist mit Verlusten und der damit verbundenen einer Erhöhung der Temperatur verknüpft, da durch die angelegte Spannung im Dielektrikum ein Strom zwischen den Elektroden fließt. Infolge der Wärme entstehen zusätzliche Verluste im Dielektrikum, da ein höherer Strom fließt. Wenn die Wärmeabgabe geringer als die Wärmeerzeugung ist, wird eine Zerstörung des Dielektrikums eintreten.

5 Elektrische Diagnoseverfahren

Zur Ermittlung der Fehlerursache gibt es unterschiedliche Diagnoseverfahren in Form der Messung der elektrischen und dielektrischen Kennwerte, wie Isolationswiderstand, dielektrischer Verlustfaktor, Polarisations- und Depolarisationsstrom sowie Teilentladungen.

5.1 Isolationswiderstand und dielektrischer Verlustfaktor

Die Messung des dielektrischen Verlustfaktors bzw. der Dielektrizitätszahl und des Isolationswiderstandes stellen die grundsätzlichen und ältesten Verfahren zur messtechnischen Fehlererkennung dar. Die Messverfahren zur Bestimmung des Isolationswiderstandes wurden als Erweiterung der konventionellen Messverfahren zur Bestimmung eines niederohmigen Widerstandes entwickelt, indem ein D'Arsonval-Spiegelgalvanometer zusammen mit einer Hochspannungsbatterie (1000 V) verwendet wurde [Schering-1]. Messverfahren, wie die Wheatstonesche Brücke, die Widerstandsbestimmung durch eine Kondensatorentladung oder die Widerstandsbestimmung aus der Aufladegeschwindigkeit, erfolgten erst später [Weidmann-1].

Die Isolationswiderstandsmessung basiert auf der Messung des Stromes durch den Isolierstoff, wenn eine Spannungsquelle an den Elektroden angeschlossen ist. Der Widerstand wird durch das ohmsche Gesetz berechnet. Allerdings ist dieses Messverfahrens auf den linearen Verhaltensbereich der Isolierung beschränkt. Die Abhängigkeit zwischen der Stromdichte und der Feldstärke z. B. bei Isolierflüssigkeiten wird nach Durchlauf eines Bereiches mit nahezu linearem Verhalten in einen Bereich mit überproportional starkem Stromanstieg übergehen, wobei dieser Effekt abhängig ist von den Verunreinigungen, die die Isolierflüssigkeit beinhaltet [Beyer-1]. Die Verluste, die bei einer Isolationswiderstandsmessung erfasst werden, sind hauptsächlich die Leitungsverluste, die aufgrund der frei beweglichen Elektronen und Ionen im Isolierstoff hervorgerufen werden.

Gleichung (5.1) mit R als Widerstand, C als Kapazität gibt den Zusammenhang zwischen dem Verlustfaktor und den Eigenschaften des Isolierstoffes unter Berücksichtigung der Kreisfrequenz ω an. Basis dafür ist das Ersatzschaltbild des Isolierstoffs (siehe **Bild 5.1**), in dem R und C parallel geschaltet sind.

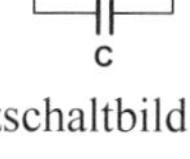

Bild 5.1: Ersatzschaltbild des Isolierstoffs

$$R \cdot \omega \cdot C = tan(\delta) \tag{5.1}$$

Gleichung (5.1) wird auch dielektrischer Verlustfaktor genannt. Zur Bestimmung dieses Verlustfaktors wurde die Verlustfaktormessbrücke von H. Schering entwickelt. Das Prinzip dieses Messbrückensystems ist der Abgleich des Widerstandes und der Kapazität eines Prüflings durch bekannte Widerstände und Kondensatoren. Die Abgleichbedingung wird erfüllt, wenn im Diagonal zweigt der Brücke eine Nullanzeige vorhanden ist, da dann Wirkleistung und Blindleistung abgeglichen sind. Der Quotient zwischen der Wirkleistung und der Blindleistung lässt sich auch als Verlustfaktor ausdrücken, wie es in der Gleichung (5.2) dargestellt ist.

$$tan(\delta) = \frac{Wirkleistung}{Blindleistung} = \frac{U \cdot I \cdot cos\varphi}{U \cdot I \cdot sin\varphi} = \frac{I_w}{I_b} \tag{5.2}$$

Die hohe Empfindlichkeit der Schering-Brücke ermöglicht die Erfassung auch sehr kleiner Verluste in einer Isolierung einschließlich der Teilentladungen [Beyer-1].

5.2 Teilentladungsmessung

Nach der Entdeckung der Teilentladungen (TE) und ihrer Bedeutung für die Schädigung der Isolierung wird die TE-Messtechnik zurzeit als eines der wichtigsten Diagnoseverfahren zur Beurteilung des Zustandes eines Isolierstoffs angesehen. Die Erfassung der TE-Vorgänge ist nicht einfach, da die TE mit verschiedenen Amplituden und in unterschiedlicher Häufigkeit auftreten können. Für eine genaue Bestimmung der TE müsste die Ladungsänderung im Hohlraum (siehe **Bild 2.5**) ermittelt werden können. Diese Ladungsänderung kann aber nur theoretisch mit Hilfe des Spannungseinbruchs ΔU_1 an der Hohlraumkapazität und der Größe der Hohlraumkapazität C_1 mit der Gleichung (5.3) bestimmt werden, wobei ΔU_1 und C_1 unbekannte Größen sind.

$$\Delta q_1 = \Delta U_1 \cdot C_1 \tag{5.3}$$

Für bekannte Werte der Kondensatoren aus **Bild 2.5** kann der Spannungssprung ΔU_t an den Elektroden des Isolators mit Gleichung (5.4) berechnet werden.

$$\Delta U_t = \frac{C_2}{C_2 + C_3} \cdot \Delta U_1 = \frac{C_2}{C_1 \cdot (C_2 + C_3)} \cdot \Delta q_1 \tag{5.4}$$

Die im Hohlraum umgesetzte Ladung kann dann für diesen Spannungssprung ΔU_t mit Gleichung (5.5) berechnet werden, wobei diese Ladung als „scheinbare" Ladung bezeichnet wird.

$$q = \int i(t)dt = \left(C_3 + \frac{C_1 \cdot C_2}{C_1 + C_2} \right) \cdot \Delta U_t \tag{5.5}$$

Die Werte der Kapazitäten sind aber unbekannt, sodass einige Näherungsrechnungen erforderlich sind. Zur Bestimmung dieser Ladung wird ein besonderer Messkreis eingesetzt. Der TE-Prüfkreis nach [IEC-60270] ist in **Bild 5.2** dargestellt.
Mit diesem TE-Prüfkreis können die Veränderungen des Stromes während der Entladung in der Fehlstelle, die als TE-Kreisstrom bezeichnet werden, mittels Kopplungskondensator und Ankopplungsvierpol erfasst werden. Die Größe des TE-Kreisstromes ist vom Verhältnis zwischen C_k und C_a abhängig.

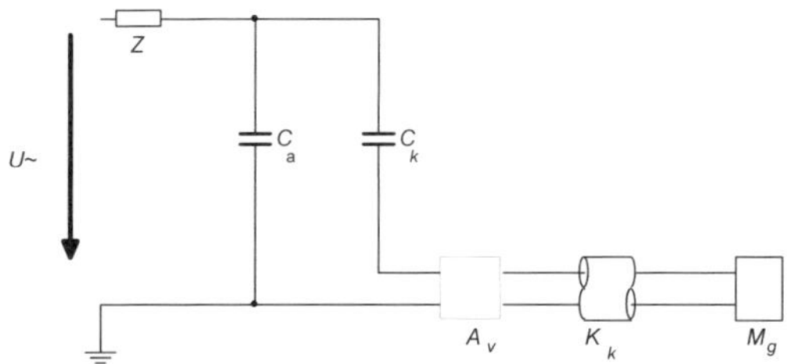

Bild 5.2: Aufbau eines TE-Prüfkreises

Z	Impedanz	C_a	Prüfling
C_k	Kopplungskondensator	A_v	Ankopplungsvierpol
K_k	Koaxialkabel	M_g	TE-Messgerät
$U\sim$	Prüfspannungsquelle		

Ein großer Kondensator C_k erhöht die Gesamtkapazität des Prüfkreises und belastet die Spannungsquelle. Ein kleiner Kondensator C_k beeinflusst die Empfindlichkeit des TE-Messsystems.
Die Kapazität des Hohlraumes C_1 ist im Allgemeinen größer als die Kapazität C_2, unter der Annahme eines kleinen Hohlraumes. Gleichung (5.4) kann dann in Gleichung (5.6) umgewandelt werden.

$$C_a \cdot \Delta U_t = C_2 \cdot \Delta U_1 = \frac{C_2}{C_1} \cdot \Delta q_1 \tag{5.6}$$

Der Spannungssprung ΔU_t kann nicht direkt mit dem TE-Messsystem ermittelt werden. Daher wird Gleichung (5.7) für die Berechnung des messbaren Spannungssprung $\Delta U_t'$ benutzt, der auch die Spannungsänderung im Kopplungskondensator C_k darstellt.

$$q = C_a \cdot \Delta U_t = (C_a + C_k) \cdot \Delta U_t' \tag{5.7}$$

Die Ladung, die mit dem TE-Messgerät direkt erfasst wird, ist die Ladung im Kopplungskondensator C_k, die auch als „messbare" Ladung bezeichnet wird. Damit ergibt sich Gleichung (5.8).

$$q_m = C_k \cdot \Delta U_t' \tag{5.8}$$

Das Verhältnis von messbarer Ladung q_m zu scheinbarer Ladung q ergibt sich dann mit Gleichung (5.9) zu:

$$\frac{q_m}{q} = \frac{C_k}{C_a + C_k} \tag{5.9}$$

Der durch die Entladung von C_1 verursachte Strom hat einen impulsförmigen Verlauf, der wegen seines steilen Anstiegs mit einem Dirac-Impuls $\delta(t)$ beschrieben werden kann. In Abhängigkeit vom Isolierstoff können diese Impulsströme eine Anstiegszeit im Bereich von 2 ns bis 100 ns aufweisen [Tettex-1].

Zur Kalibrierung des TE-Messsystems ist ein normierter Kalibrierimpuls erforderlich, mit dem auch die Empfindlichkeit des Messsystems ermittelt werden kann. **Bild 5.3** zeigt den zeitlichen Verlauf eines Kalibrierimpulses.

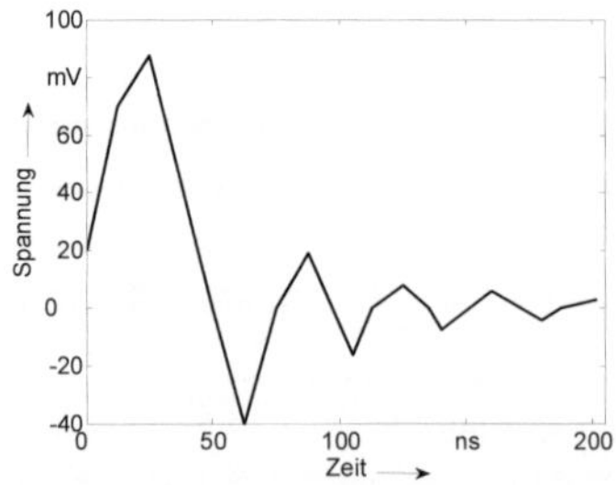

Bild 5.3: Zeitverlauf eines normierten Kalibrierimpulses

In Abhängigkeit der Bandbreite werden TE-Messgeräte in schmalbandige oder breitbandige Systeme unterschieden. Die Auswahl eines TE-Messsystems erfolgt unter Berücksichtigung der Störungsmöglichkeiten und der benötigen TE-Kenngrößen, da die schmalbandigen TE-Messgeräte durch eine geschickte Auswahl der Frequenzen die Störungen ausblenden können. Durch die oszillierende Antwort des Systems geht allerdings die Information über die Polarität des TE-Impulses verloren. Die breitbandigen TE-Messgeräte liefern die Polaritätsinformation und Phasenlage und sind für eine Ortung der TE-Stelle geeignet.
Die Benutzung von abgeschirmten Kabinen ist für die Anwendung der breitbandigen TE-Messgeräte erforderlich, um die Störempfindlichkeit zu vermindern. Die Ortung der TE kann durch Anwendung von kleinen kapazitiven Sensoren erfolgen, die am Prüflingskörper platziert sind. Der Unterschied in der Stärke des TE-Signals wird als Mittel zur Ortung der TE-Stelle angewendet. Andere Ortungsmöglichkeiten sind z. B. bei einem Kabel die Laufzeitmessungen des TE-Signals.

5.3 Polarisations- und Depolarisationsstrommessung

Eine Messung des Polarisations- bzw. Depolarisationsstroms ist zurzeit noch nicht nach IEC-Norm normiert. Aus diesem Grund werden verschiedene Verfahren zur Erfassung dieser Ströme verwendet wie dielektrische Spektroskopie, Rückkehrspannung und Depolarisationsstrom. Die Messung des Depolarisationsstroms am Prüfling erfolgt mit Hilfe eines Picoamperemeters unter Gleichspannung. Der Prüfling wird zunächst mit einer hohen Gleichspannung belastet. Die Ladezeit des Prüflings kann bis zu einigen Minuten dauern, wobei die Ladezeit für aussagekräftige Ergebnisse von Bedeutung ist. Wenn der Polarisationsstrom annährend konstant ist, wird der Prüfling von der Hochspannung getrennt und es erfolgt die Strommessung mit Hilfe des Picoamperemeters. Der vollständige zeitliche Ablauf der Messung kann durch eine automatische Schaltung, Messung und Erfassung des Stromes automatisiert werden. Im **Bild 5.4** ist der Schaltkreis zur Erfassung des Polarisations- und Depolarisationsstroms abgebildet. Der zeitliche Verlauf des Polarisations- und Depolarisationsstroms ist durch eine exponentielle Abnahme gekennzeichnet. Normalerweise erfolgt keine Erfassung des Stroms während des ersten Teils einer Messung, da durch die Sprungförmige Änderung der Spannung ein Stromimpuls ähnlich einem Dirac-Impuls erzeugt wird, der in kurzen Zeitbereich eine sehr hohe Amplitude des Stromes verursacht, aber nicht relevant für die Auswertung der Ergebnisse ist [Zaengl-1]. Die Messergebnisse werden normalerweise in einem logarithmischen Maßstab zur anschaulicheren Darstellung visualisiert, da die exponentielle Abnahme der Messwerte eine Gerade ergibt. Zusätzlich erfolgt eine polaritätsabhängige Darstellung, sodass Polarisationsstrom und Depolarisationsstrom überlagert werden können.

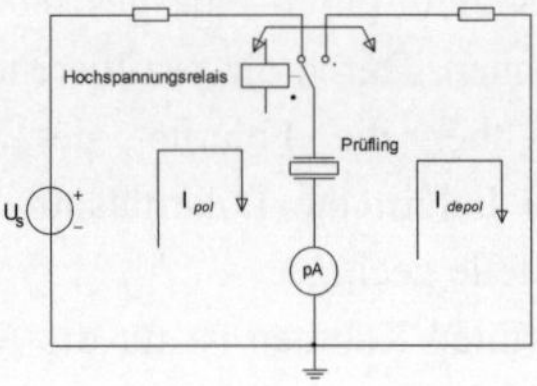

Bild 5.4: Schaltkreis zur Erfassung des Polarisations- bzw. Depolarisationsstromes

Das **Bild 5.5** zeigt den idealisierten Verlauf der anliegenden Spannung U_s sowie des Polarisations- und Depolarisationsstromes.

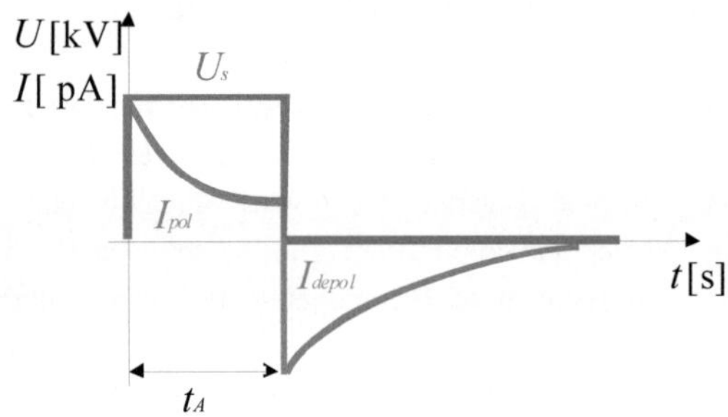

Bild 5.5: Zeitabhängiger Verlauf des Polarisations- und Depolarisationsstromes nach einer Hochspannungsanregung

U_s	Hochspannungsanregung	I_{pol}	Polarisationsstrom
I_{depol}	Depolarisationsstrom	t_A	Ladezeit

6 Material und Anordnung der Prüflinge

6.1 Material

6.1.1 Epoxidharz

Die Epoxidharze gehören zur großen Gruppe der reaktiven Polymere, die einen Epoxidring oder Oxirane als gemeinsame Eigenschaft besitzen. Der Epoxidring wird durch die Verbindung zweier Kohlenstoffatome mit einem Sauerstoffatom erzeugt, wie es im **Bild 6.1** dargestellt ist.

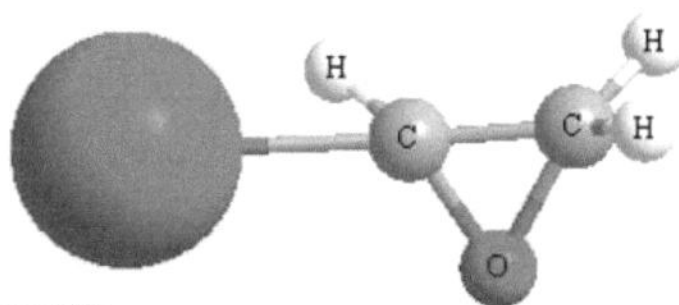

Bild 6.1: Epoxidring

6.1.1.1 Die Vernetzungsreaktion

Die Reaktionsfreudigkeit der Epoxidringe untereinander wird häufig mit Hilfe eines Katalysators erhöht, wobei dieser später in dem endgültig vernetzten Stoff nicht mehr vorhanden ist, sondern sich in flüchtige Anteile versetzt. Diese Art von Vernetzung des Epoxidharzes wird als Homopolymerisation bezeichnet. In einer anderen Art der Vernetzung wird der Epoxidring mit einem anderen reaktiven Molekül z.B. dem Härter zusammengemischt. Der endgültige Formstoff wird dann als ein Heteropolymer bezeichnet, wobei die Epoxidharzmoleküle mit den Härtermolekülen vernetzt sind. Diese Art der Reaktion wird Polyaddition genannt, und wurde bei der Prüflingsherstellung genutzt. Die Reaktionen sind in **Bild 6.2** dargestellt, wobei die Buchstaben NR die Radikalverbindung bedeuten.

Das Reaktionsergebnis der Polyaddition ist ein Polymer, in dem Härter und Epoxidharz als Comonomere im gesamten Polymer auftreten. Jede Art der chemischen Reaktion benötigt eine gewisse Energie, die im Allgemein durch Wärmezuführ bereit gestellt wird, um eine komplette Vernetzung der Monomeren zu erreichen. Eine partiale Vernetzung ist bereits bei normaler Umgebungstemperatur möglich, wobei die Wartezeit für die Aushärtung der Mischung dann sehr groß werden kann.

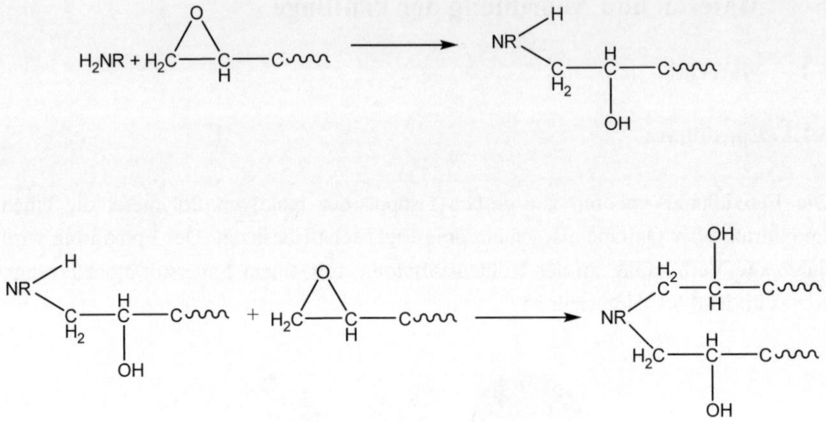

Bild 6.2: Chemische Reaktionen bei der Polyaddition

Durch die Veränderung der Stöchiometrie von Harz und Härter können verschiedene Eigenschaften beim endgültigen Formstoff, wie z. B. mechanische Festigkeit, Sprödigkeit oder Flexibilität eingestellt werden. Die stöchiometrische Verteilung für das verwendete Epoxidharz wird vom Hersteller für eine Polyaddition mit 50 % Härter und 50 % Harz empfohlen.

6.1.1.2 Synthesen und Eigenschaften des Epoxidharzes

In kommerzieller Nutzung basieren die Epoxidharze traditionell auf einer Epichlorhydrin- oder Bisphenol-A-Basis, wie es auch beim Bisphenol-A-DiGlycidyl-Äther (BADGE) der Fall ist. Im **Bild 6.3** wird die Synthese des BADGE gezeigt. Bei der Synthese des BADGE wird NaOH als Katalysator benutzt, wobei das Natriumhydroxid (NaOH) als dehydrohalogenes Mittel zum HCl während der Reaktion arbeitet. Je nachdem wie groß die stöchiometrische Menge des Epichlorohydrin ist, können verschiedene Molekulargewichte (M_n) erzeugt werden. Durch einen niedrigen Wert des M_n kann z.B. eine deutliche Verflüssigung des Epoxidharzes vor der Mischung erreicht werden. Eine hohe Menge des Epichlorhydrins wird sich in einem niedrigen Molekülargewicht widerspiegeln. Die Kombination zwischen den Harzkomponenten und ihren Molekulargewichten sind für eine kommerzielle Anwendung wichtig, da eine Flüssigkeit mechanisch gesehen einfacher als ein Feststoff zu mischen ist. Trotzdem werden auch BADGE-Harze mit hohem Molekulargewicht für besondere Zwecke hergestellt [Petrie-1].

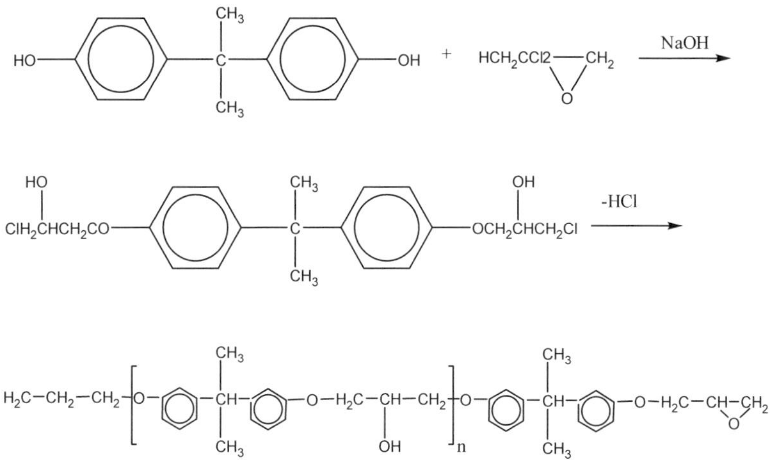

Bild 6.3: Synthese des BADGE

Jeder Anteil des vernetzten BADGE hat einen Einfluss auf die unterschiedlichen Eigenschaften des endgültigen Formstoffs. Das **Bild 6.4** stellt die chemische Zusammensetzung des quervernetzten BADGE nach seiner Synthese dar.

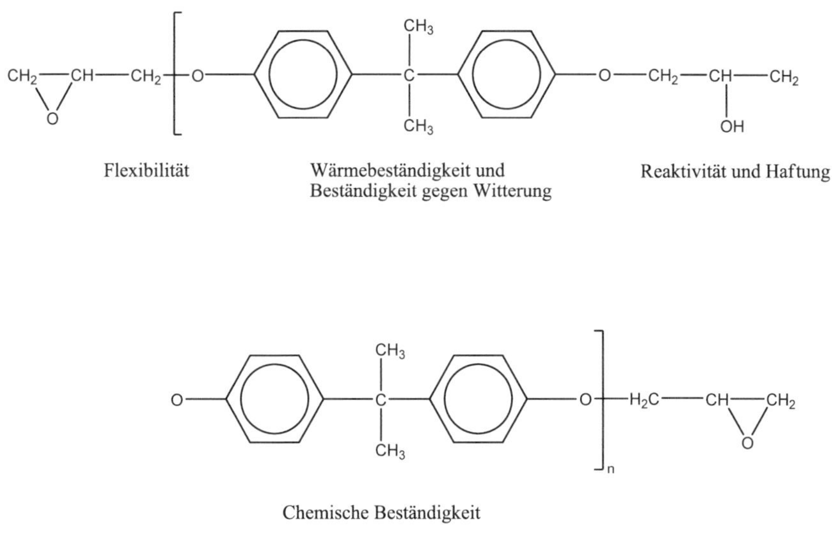

Bild 6.4: Eigenschaften des BADGE in Abhängigkeit der Anteile

Die Bisphenol-A-Moleküle sind verantwortlich für die Beständigkeit gegen Witterung des BADGE, wie es im **Bild 6.4** gezeigt ist. Der Anteil des Bisphenol-A ist aber auch verantwortlich für das Molekulargewicht des Harzes und stellt für diesen Fall eine Kompromisslösung zwischen einer hohen Beständigkeit und einer guten Handhabbarkeit in Bezug auf die Verflüssigung des Harzes vor der Mischung dar. Je mehr Bisphenol-A im Harz vorhanden ist, desto höhere Viskosität wird im Harz erreicht.
Mit den möglichen Kombinationen sollen verschiedene Eigenschaften für die Herstellung erreicht werden, da eine hohe Viskosität eine schlechte Eigenschaft für einige Herstellungsverfahren darstellt, und die Topfzeit vom Epoxidharz und dem Härter eine sehr wichtige Rolle bei der Homogenisierung und späteren Vernetzung des Harzes spielt.

6.1.1.3 Zykloaliphatische Epoxidharze

Auf BADGE basierende Epoxidharze sind als Isoliersysteme für Freiluftanwendung nicht optimal, da die dielektrischen Eigenschaften des BADGE nicht alle dafür notwendigen Anforderungen aufweisen. Deshalb werden zykloaliphatische und aliphatische Epoxidharze für hohe dielektrische Belastungen bei Freiluftanwendung eingesetzt. Diese Epoxidharze werden durch eine Epoxidation der oliphinischen Verbindungen (Epoxidation of olefinic compounds) erzeugt, wobei die besondere chemische Eigenschaft des zykloaliphatischen Epoxidharzes die Sättigung seines Epoxidringes ist. Diese Sättigung führt zu ausgezeichneten dielektrischen Eigenschaften, wie niedriger dielektrischer Verlustfaktor, hohe Kriechwegbildung-Beständigkeit und gute Witterungsbeständigkeit. Die Witterungsbeständigkeit des zykloaliphatischen Epoxidharzes ist auf die Parameter Temperatur, Wärme, Druck, Salz und Wasserbeständigkeit begrenzt, da es wegen seiner Ultraviolettempfindlichkeit nicht unter direkter Sonneneinstrahlung angewendet werden kann. Diese negative Eigenschaft kann allerdings für die Aushärtung durch Ultraviolettstrahlung genutzt wird.
Die chemischen Strukturen von verschiedenen zykloaliphatischen Epoxidharzen sind im **Bild 6.5** dargestellt. Bei der Herstellung eines kommerziellen Epoxidharzes können durch zusätzliche Komponenten weitere Eigenschaften z. B. mechanisch, thermisch beeinflusst werden, die je nach Bedarf besonders wichtig sind.

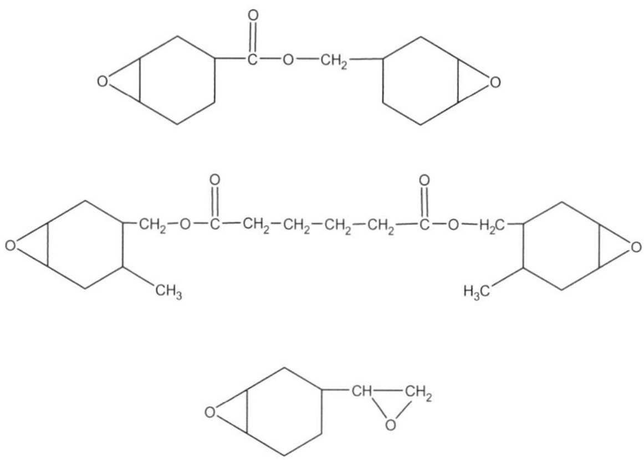

Bild 2.5: Chemische Strukturen von verschiedenen zykloaliphatischen Epoxidharzen

6.1.2 Quarzmehl

Epoxidharz kann in seinen physikalischen Eigenschaften verbessert werden, wenn es mit Füllstoffen versetzt wird. Der Füllstoff hat zusätzlich eine wirtschaftliche Bedeutung, da dadurch eine Menge des teuren Epoxidharzes eingespart werden kann. Die Herstellungstechnologie des Isoliersystems wird durch den Füllstoff kaum beeinflusst. Verschiedene Füllstoffe werden für bestimmte Zwecke eingesetzt. Der am häufigsten verwendete Füllstoff ist das Quarzmehl, das mittels einer eisenfreien Mahlung aus aufbereitetem Quarzsand gewonnen wird. Gemäß der chemischen Analyse setzt sich Quarzmehl aus den in **Tabelle 6.1** aufgelisteten Bestandteilen zusammen. Quarzmehle sind in verschiedenen Korngrößen erhältlich, wobei für die Anwendungen in der Elektrotechnik normalerweise Korngrößen zwischen 16 µm und 200 µm gewählt werden [Quarzwerke-1].

Chemische Gruppe	Gewichtsanteil [%]
SiO_2	99
Al_2O_3	0,3
Fe_2O_3	0,05
$CaO + MgO$	0,1
$Na_2O + K_2O$	0,2

Tabelle 6.1: Chemische Bestandteile des Quarzmehls

6.1.3 Glimmer

Die industrielle Nutzung des Glimmers in der Elektrotechnik erfolgt vor allen in den Isoliersystemen für Wicklungen in rotierenden Maschinen. Bei den verwendeten Glimmerarten handelt es sich um Muskovit und Phlogopit, die beide direkt in der Natur vorkommen oder durch synthetische Verfahren gewonnen werden können. In der **Tabelle 6.2** sind die dielektrischen Kennwerte verschiedener Glimmer dargestellt [Gwosdz-1].

Dielektrische Kennwerte	Muskovit	Phlogopit	Synthetisches Phlogopit
Verlustfaktor bei 1MHz @ 23°C	10^{-4}	10^{-3}	k. A.
Verlustfaktor bei 1MHz @ 100°C	10^{-3}	$5*10^{-2}$	k. A.
Dielektrizitätszahl bei 1MHz	6,5-9,0	5,0-6,0	6,5-9,0

Tabelle 6.2: Dielektrische Kennwerte von verschiedenen Glimmerarten

6.1.3.1 Muskovit

Der Name Muskovit kommt aus der Formulierung „Moskauer Glass“ [Gwosdz-1], da es in diesem Material als Schutzglas für Ofenfenster verwendet wurde und in Russland in großen Platten abgebaut werden kann. Die chemische Formel lautet $KAl_2(Si_3Al)O_{10}(OH, F)_2$, und die Zusammensetzung ist in **Tabelle 6.3** dargestellt [Hepburn-1]. Muskovit hat eine kristalline Struktur, die aus Schichten von Tetraederringen und Oktaedernetzen aufgebaut ist. Die Darstellung der chemischen Struktur eines Tetraederrings sowie eines Teiles eines Oktaedernetzes können **Bild 6.6** und **Bild 6.7** entnommen werden. In der Struktur befinden sich Kalium-Kationen zwischen jeder dritten Schicht [Mottana-1], die verantwortlich für die ausgezeichneten dielektrischen Eigenschaften des Muskovits sind.

Chemische Gruppe	Gewichtsanteil [%]
SiO_2	45,24
Al_2O_3	36,85
MgO	0,08
K_2O	10,08
Fe_2O_3	0,09
FeO	0,02
F	0,91
MnO	0,12
TiO_2	0,01
Na_2O	0,64
H_2O^+	4,12
H_2O_-	0,46

Tabelle 6.3: Chemische Bestandteile des Muskovits

Die chemische Zusammensetzung ist abhängig vom Fundort, aber die typischen Bestandteile gelten allgemein für alle Arten des Muskovits.

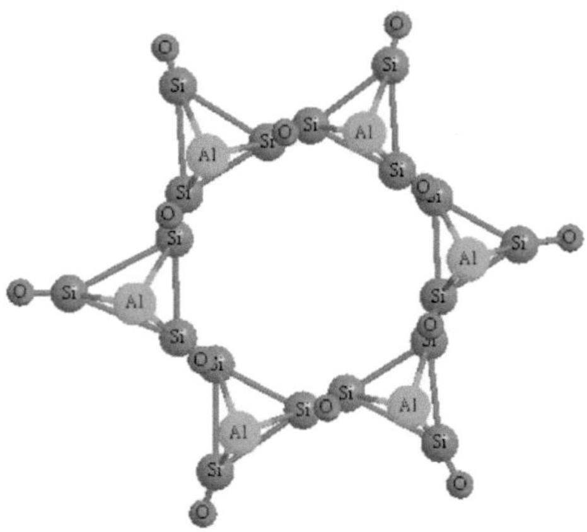

Bild 6.6: Chemische Struktur eines Tetraederrings

Wegen der Schichtanordnung hat dieser Glimmer eine besonders hohe Beständigkeit in vertikaler Richtung zu den Schichten, sodass die gute dielektrische Festigkeit nur senkrecht zu diesen Schichten vorhanden ist. Auch die hohe Unempfindlichkeit gegen

Wasser und seine hohe mechanische Festigkeit sind nur senkrecht zu den Schichten der Tetraederringe und des Oktaedernetzes wirksam. Die hohe Absorption des Ultraviolettlichts ist im Muskovit eine weitere Eigenschaft, die ebenfalls nur senkrecht zur Schichtung auftritt. Der Muskovit kann auch zusätzliche chemische Elementen wie Titan, Magnesium, Eisen und Natrium enthalten, die lediglich die Farbe der Schichten verändern.

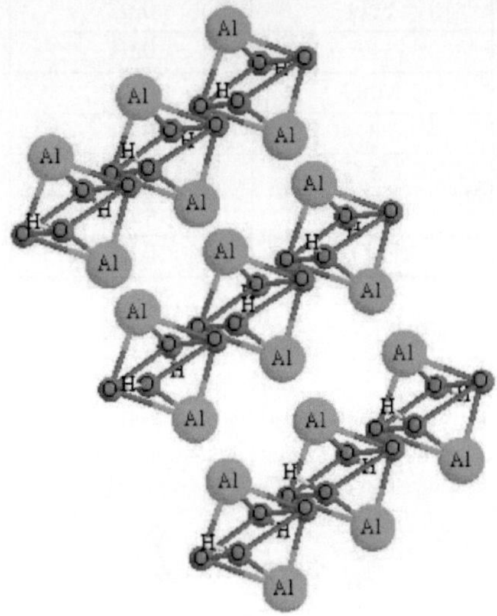

Bild 6.7: Chemische Struktur des Oktaedernetzes im Muskovit

Diese besonderen Eigenschaften des Glimmers bedingen eine Anwendung nur nach einer sorgfältigen Bearbeitung und Verarbeitung. Normalerweise wird der Glimmer in Form angeklebter Flocken auf Bändern für die Isolierung in rotierenden Maschinen verwendet. Dabei wird das Glimmerband während der Wicklungsherstellung über die Leiter gewickelt. Der Schwachpunkt des Glimmers bezüglich der starken Richtungsabhängigkeit seiner Eigenschaften kann durch die schwache Bindung zwischen den Tetraeder- und Oktaederstrukturen erklärt werden, die in **Bild 6.8** dargestellt ist.

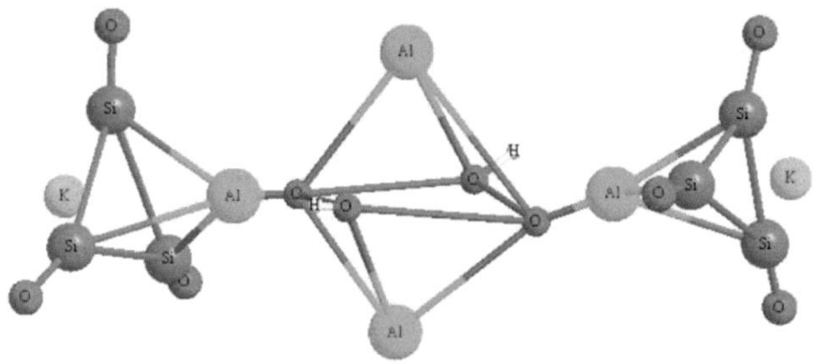

Bild 6.8: Vereinfachte Darstellung der chemischen Struktur des Muskovits

Zur Veranschaulichung der Größe ist zu erwähnen, dass die Gesamtlänge der im **Bild 6.8** dargestellten Struktur ungefähr 1 nm beträgt [Mottana-1].

6.1.3.2 Phlogopit

Neben dem Muskovit wird als weitere Art des Glimmers für Isoliersysteme auch Phlogopit eingesetzt wird. Die Anwendungshäufigkeit des Phlogopits in Isoliersystemen ist geringer, da seine dielektrischen Kennwerte deutlich unter denen des Muskovits liegen, wie **Tabelle 6.1** zeigt. Die chemische Formel des Phlogopits lautet $KMg_3(Si_3Al)O_{10}(OH, F)_2$, wobei hier die Aluminiumatome im Oktaedernetz des Muskovits durch Magnesiumatome ersetzt sind. Diese Änderung bewirkt eine höhere Empfindlichkeit gegenüber Säure im Vergleich mit Muskovit. Eine Darstellung der chemischen Struktur ist in **Bild 6.9** zu sehen. Die chemischen Bestandteile des Phlogopits sind in **Tabelle 6.4** aufgeführt [Hepburn-1].

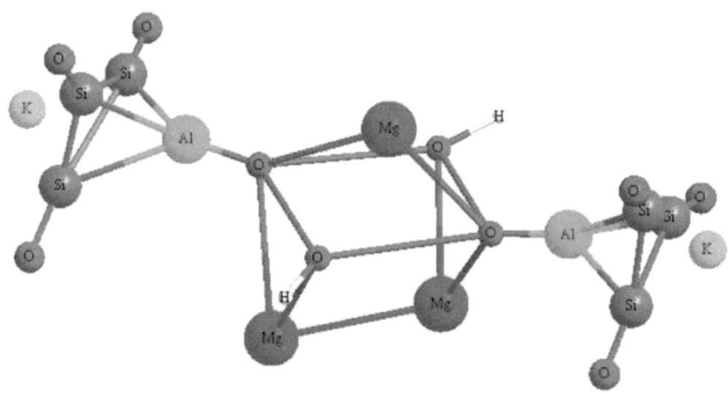

Bild 6.9: Vereinfachte Darstellung der chemischen Struktur des Phlogopits

Chemische Gruppe	Gewichtsanteil [%]
SiO_2	40,95
Al_2O_3	17,28
MgO	22,95
K_2O	9,8
Fe_2O_3	0,43
FeO	2,38
F	0,61
MnO	Spuren
TiO_2	0,82
Na_2O	0,16
H_2O^+	4,23
H_2O_-	0,48

Tabelle 6.4: Chemische Bestandteile des Phlogopit

Für die experimentellen Untersuchungen in dieser Arbeit wurden Quarzmehl, Glimmer und Epoxidharz verwendet, da nach dem heutigen Stand der technologischen Entwicklung auch zukünftig diese Isoliersysteme eingesetzt werden, da sie wirtschaftlich und umweltfreundlich sind.

6.2 Anordnung

Die Durchführung der experimentellen Untersuchungen in dieser Arbeit erfolgte an verschiedenen Arten von Prüflingen, die für jedes Experiment ausgewählt und angefertigt wurden, da die interessierenden Kennwerte nicht an einer einzigen Prüflingsart mit ausreichender Genauigkeit erfasst werden können.

6.2.1 Prüflinge für innere Festigkeit

Zur Untersuchung der Mechanismen, die eine Beeinflussung der inneren Festigkeit der Epoxidharzisoliersysteme verursachen können, wurden Prüflinge mit inhomogenem und homogenem elektrischen Feld nach konventioneller Vakuumvergusstechnik hergestellt.

Das verwendete Epoxidharzsystem basiert auf einem Bisphenol-A-Harz in Verbindung mit einem Dicarbonsäureanhydrid als Härter und Quarzmehl als Füllstoff. Die **Tabelle 6.5** zeigt die handelsüblichen Namen sowie die Gewichtsanteile der Komponenten für die Prüflingsherstellung [Tesmasa-1].

Komponente/Merkmal	Harz	Härter	Beschleuniger	Füllstoff
Handelsbezeichnung	Araldit® CY 228	Araldur® HY 918	DY 062	Millisil® W12
Gewichtsanteil	100	85	1	345

Tabelle 6.5: Verwendete Komponenten des Epoxidharzsystems

Das Herstellungsverfahren der Prüflinge beginnt mit dem Zusammenbau der in **Bild 6.10** abgebildeten Gießformen, wobei diese zunächst mit einem Trennmittel zur Erleichterung der späteren Trennung der Form vom Prüfling nach der Aushärtung beschichtet wurden. Danach wurden sowohl die Gießformen als auch der Füllstoff für ca. 12 Stunden zur Trocknung auf 120°C vorgewärmt. Die anderen Komponenten des Harzsystems wurden für 6 Stunden zum Angleich an die Gießtemperatur auf 80°C vorgewärmt. Für den eigentlichen Gießvorgang war eine Vorwärmung der Gießanlage für ca. 4 Stunden auf 60°C erforderlich.

Die Mischung der Komponenten erfolgte bei einem Druck von ca. 2 mbar über 45 min. Wenn eine homogene Mischung erreicht war, wurde der Gießvorgang bei einem Druck von 45 mbar durchgeführt. Die Mischung und der Gießvorgang müssen bei sehr niedrigem Druck durchgeführt werden, um die Bildung von Hohlräumen zu vermeiden. Nach dem Gießvorgang wurden die Gießformen zur Aushärtung in einen Ofen gelegt.

Bild 6.10: Beispiel für die verwendeten Gießformen zur Prüflingsherstellung

Die Aushärtung der Prüflinge in den Gießformen verursacht eine mechanische Belastung der Prüflinge, wobei die Abkühlung zur Rissbildung führen kann. Daher ist eine langsame Temperaturänderung bis auf Raumtemperatur zur Vermeidung von Rissen in den Prüflingen erforderlich. **Bild 6.11** zeigt den Temperaturverlauf im Ofen während der Aushärtung und Abkühlung der Prüflinge in den Gießformen.

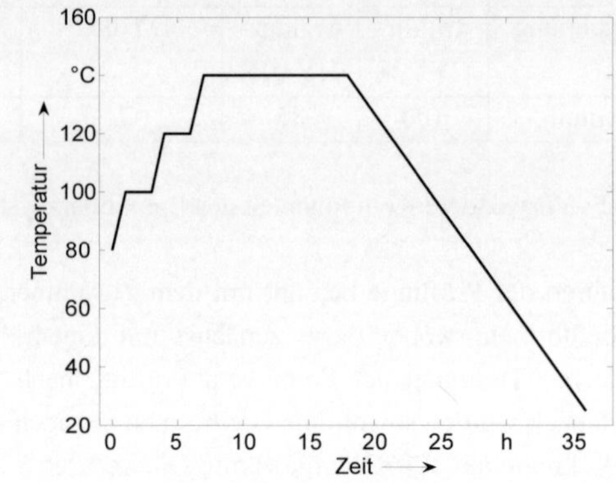

Bild 6.11: Temperaturverlauf während der Aushärtung der Prüflinge

Nach der Aushärtung der Prüflinge können diese aus den Gießformen herausgelöst werden. Die Prüflingsqualität hängt von der Temperatur, dem Druck und der sorgfältigen Durchführung des Gießvorgangs ab.

Zur Untersuchung des TE-Verhaltens im homogenen Feld wurden 30 Prüflinge mit den im **Bild 6.12** gezeigten Abmessungen hergestellt. Die verwendeten Elektroden dieser Prüflinge entsprechen etwa einem Rogowski Profil, sodass im Inneren zwischen den Elektroden ein homogenes Feld erreicht wurde, dessen Betrag höher als im Randfeldbereich ist.

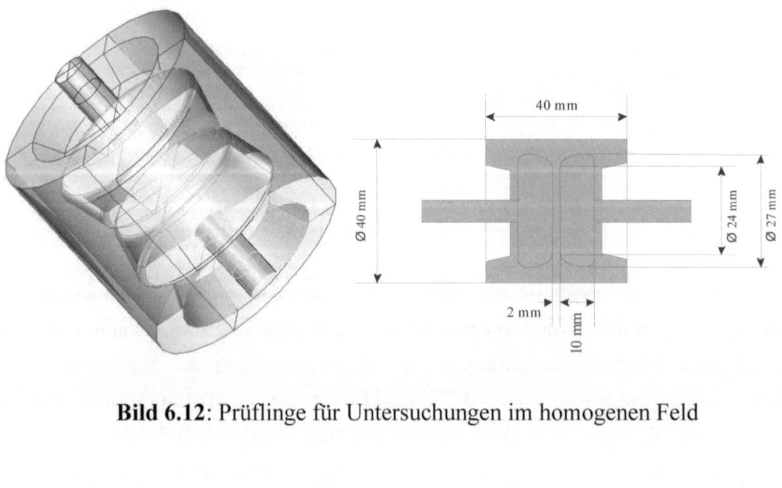

Bild 6.12: Prüflinge für Untersuchungen im homogenen Feld

Die verwendeten Elektroden waren aus Messing und die Oberfläche war sandgestrahlt, um eine gute Adhäsion mit dem Epoxidharz zu erreichen. Wegen des Volumeneffektes [Beyer-1] wurde eine höhere Wahrscheinlichkeit von TE bei gleicher Belastung erwartet als für Prüflinge mit einer inhomogenen Feldverteilung, da der hochbelastete Elektrodenbereich größer als bei Prüflingen mit inhomogenem Feld ist. Der Volumeneffekt beschreibt Erkenntnisse aus Vergleichen von Modellanordnungen (kleines Volumen) und realen Anordnungen (großes Volumen) bezüglich der elektrischen Festigkeit, indem die statistischer Auftritt der Schädigung in Prüflinge mit großem Volumen als für Prüflinge mit kleinem Volumen als physikalischer Effekt auftritt (Rainer von Olshausen).

Für die Untersuchungen im inhomogenen Feld wurden ebenfalls 30 Prüflinge mit den in **Bild 6.13** gezeigten Abmessungen hergestellt. Die eingegossene Elektrode ist eine Nadel aus Wolfram mit einem Spitzenkrümmungsradius von 2 µm. Die Nadelspitze wurde in einem Ätzbad mit einer Lösung aus Kaliumhydroxid und Ammoniak durch elektrischen Strom auf den gewünschten Radius gebracht Die Form der Nadelelektrode wurde gewählt, um eine hohe Inhomogenität des elektrischen Feldes bei gleichzeitig reproduzierbarer Prüfanordnung zu erreichen. Wolfram als Elektrodenmaterial zeigt wegen seiner hohen Widerstandsfähigkeit eine vernachlässigbare Beeinträchtigung der Spitze bei Entladungen. Als Gegenelektrode wurde eine Aluminiumplatte verwendet.
Die Prüflinge mit Rogowski-Profil und die mit einer Nadelelektrode wurden im gleichen Gießvorgang hergestellt, um einen Einfluss durch die Herstellung soweit wie möglich zu vermeiden.

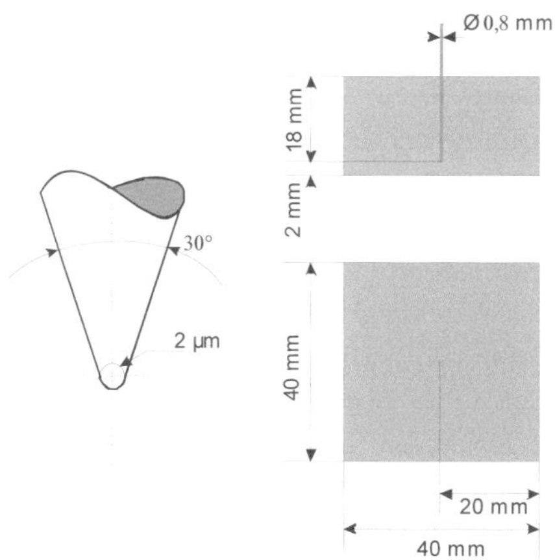

Bild 6.13: Prüflinge für Untersuchungen im inhomogenen Feld

Bild 6.15 zeigt die Abmessungen der untersuchten Wicklungsstäbe.

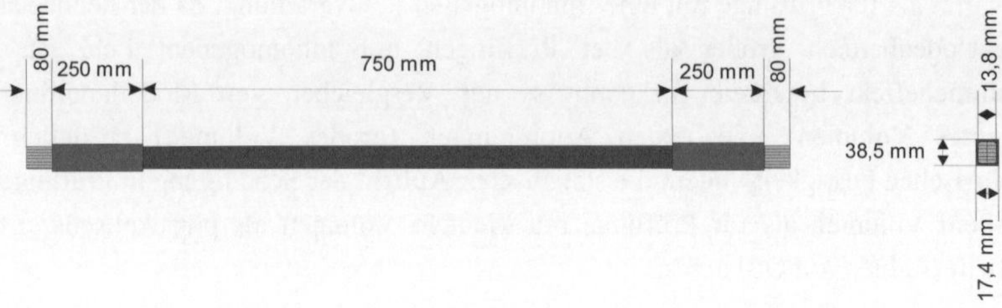

Bild 6.15: Abmessungen der untersuchten Wicklungsstäbe

Der verwendete Isolierstoff besteht aus einer Kombination eines unter Vakuum vergossenen Epoxidharzes mit gewickelten Glimmerbändern, wobei die VPI (Vacuum Pressure Impregnation)-Technik eingesetzt wurde. Die VPI-Technik fängt mit einer Vortrocknung der mit Glimmerband bewickelten Leiter in einem Ofen unter Vakuum an. Danach wird das Epoxidharz, das als Tränkmittel dient, unter Druck beigefügt und der bewickelte Leiter für eine bestimmte Zeit getränkt und ausgehärtet. Dann werden die Wicklungsstäbe langsam auf Raumtemperatur aber unter Druck gebracht.

6.2.2 Prüflinge für äußere Festigkeit

Die äußere Festigkeit eines Isoliersystems wird durch das Verhalten der Oberfläche unter Hochspannung bestimmt. Für die Untersuchungen wurden daher Prüflinge mit drei unterschiedlichen Kriechweglängen verwendet, da die Kriechstromfestigkeit ein nicht lineares Verhalten aufweist. Da der Einsatz der betrachteten Isoliersysteme unter Luft erfolgt, konnte auf ein zusätzliches Einbettungsmedium verzichtet werden.

Zur Bestimmung der Kriechstromfestigkeit des Epoxidharzes wurde zunächst die in **Bild 6.16** dargestellte Prüflingsform verwendet, bei der die Kriechweglänge gemäß der Norm [IEC-60112] einen Wert von 4 mm aufweist. Die Elektroden dieser Anordnung sind nach Norm aus Platin hergestellt. Der Prüfling besteht aus einem rechteckigen Stück Epoxidharz mit den Abmessungen 30 mm x 30 mm x 5 mm.
Ein guter Kontakt der Elektroden mit der Prüflingsoberfläche wird mit Hilfe von Gewichten gewährleistet, indem die Elektrodenspitzen mit einer Druckkraft belastet werden.

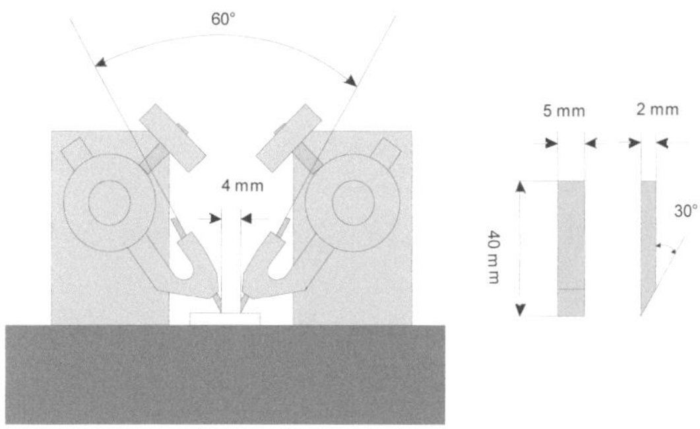

Bild 6.16: Anordnung und Abmessungen der Elektroden und Prüflinge für kleine Kriechweglängen

Die Kriechstromfestigkeit wurde auch an Prüflingen mit einer Kriechweglänge von 50 mm ermittelt, wobei die Prüfanordnung der Norm [IEC 60587] entsprach. Die Abmessungen der Prüflinge sind in den **Bildern 6.17** und **6.18** dargestellt.
Bei diesen Prüflingen bestehen die Hochspannungselektroden aus rostfreiem Stahl. Die auf die Messergebnisse einwirkende Störung des elektrischen Feldes durch die leitenden Schrauben konnte infolge einer optischen Kontrolle des Kriechweges nach einigen Vorprüfungen vernachlässigt worden. Die optische Kontrolle erfolgt durch die Belastung der Prüflinge unter Hochspannung und bei Dunkelheit, wobei alle Entladungserscheinungen der Korona im Bereich des Kriechweges zwischen den Elektroden auftraten und an den metallischen Schrauben keine Entladungserscheinungen beobachtet werden konnten.

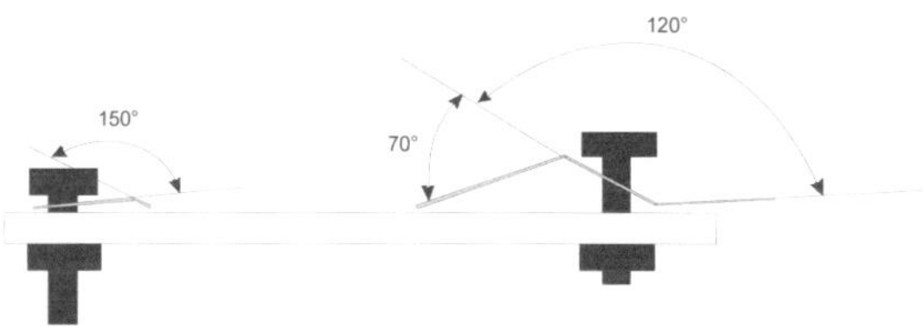

Bild 6.17: Ansicht der Prüflingsanordnung bei mittlerer Kriechweglänge

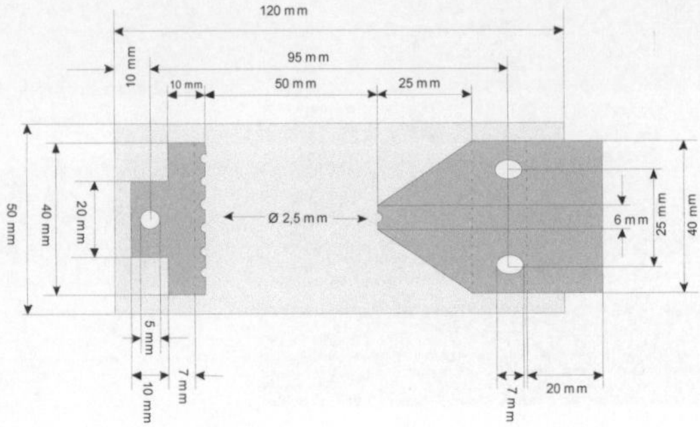

Bild 6.18: Draufsicht der Prüflingsanordnung bei mittlerer Kriechweglänge

Die Prüfanordnung für Untersuchungen bei großen Kriechweglängen bestand aus Platten aus gefülltem Epoxidharz und Hochspannungselektroden aus Messing mit in den in **Bild 6.19** gezeigten Abmessungen. Die verwendeten Hochspannungselektroden weisen einen Kontaktwinkel mit der Oberfläche der Isolierstoffplatte (junction angle) von 135° auf, sodass hauptsächlich die Oberfläche der Isolierstoffplatte und nicht die Luft die Kriechströme bestimmt, da dieser Winkel eine Feldkonzentration an der Isolierstoff-Oberfläche erzeugt. Die Kriechweglänge für diese Prüflinge betrug 140 mm. Die Variation der Kriechweglängen erschien ausreichend zu sein, um eindeutige Ergebnisse über das nichtlineare Verhalten der Kriechstromfestigkeit zu erzielen.

Wegen der Höhe der Spannung wurden hier zur Befestigung der Hochspannung-Elektroden an den Platten Kunststoffschrauben verwendet, um die Auswirkungen einer möglichen Entladung an den Metallschrauben zu vermeiden.

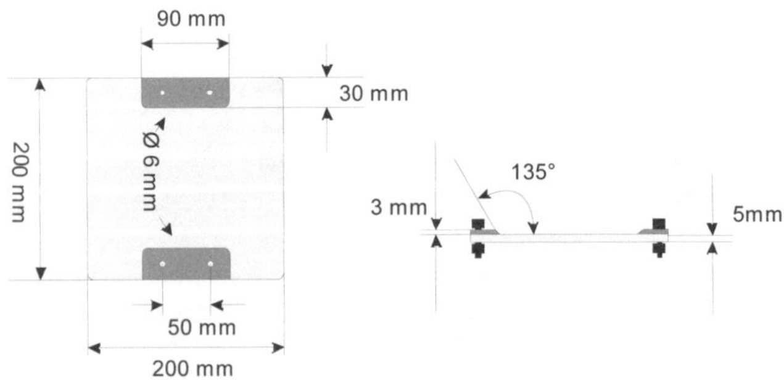

Bild 6.19: Prüflinge für eine große Kriechweglänge

7 Beschreibung des Versuchsaufbaus und des Prüfablaufs

Eine Bewertung des Zustandes eines Isolationssystems erfordert Erfahrung und Kenntnisse über das Verhalten des Isoliersystems unter verschiedenen Belastungen, da durch die unterschiedlichen Belastungen auch verschiedene Änderungen verursacht werden können. Diese Änderungen können in der Regel nicht mit einem einzigen Auswerteverfahren erkannt werden, sodass die Notwendigkeit für die Durchführung unterschiedlicher Versuche besteht. Die in den folgenden Bildern (**Bild 7.2**, **Bild 7.3**, **Bild 7.8**) dargestellten Schaltkreise zeigen einen Schutzkasten, der für den Schutz der Anlage Sicherungen, Überstromrelais, Überspannungsrelais sowie Trenn- und Leistungsschalter enthält. Zum Schutz der Versuchsdurchführenden Personen ist der Versuchsaufbau mit einem Sicherheitskreis versehen, der mit den Schutzelementen im Schutzkasten verbunden ist.

7.1 Versuchsaufbau und Prüfablauf für innere Festigkeit

Die Erfassung der Änderungen der inneren Festigkeit der Epoxidharzisoliersysteme benötigt einen längeren Zeitraum unter kontrollierten Bedingungen, sodass verschiedene Alterungsversuche eingerichtet wurden.
Für die Alterung der Epoxidharzprüflinge mit homogenem bzw. inhomogenem elektrischen Feld wurden mehreren Versuchsständen benutzt, indem mehrere Prüflinge gleichzeitig gealtert werden können. Das Ziel dieser Untersuchungen war eine „zerstörende“ Alterung der Prüflinge bis zum Erosionsdurchschlag zu erreichen. Für eine statistische Auswertung standen mit dieser Prüfanordnung auch mehrere identisch gealterte Prüflinge zur Verfügung.

Zur Vermeidung von äußeren Überschlägen wurden die Prüflinge in mit Isolierflüssigkeit gefüllte Prüfgefäße eingebracht. Die TE-Einsetzspannung dieser Gefäße wurde vorher ohne Prüflinge ermittelt, um sicher zu stellen, dass die Messergebnisse nicht vom Verhalten des eingesetzten Prüfgefäßes beeinflusst werden.
Als Einbettungsmedium wurde die Esterflüssigkeit mit dem Handelsnamen Midel® 7131 verwendet, da sie keine Nebenwirkung mit Epoxidharz, gute Umweltverträglichkeit und hohe Flammpunkt zeigt. Die verwendeten Gefäße für die Prüflinge mit homogenem und inhomogenem Feld sind im **Bild 7.1** dargestellt.
Die thermische Belastung der Prüflinge erfolgte durch eine Heizung der Isolierflüssigkeit, wobei die Isolierflüssigkeit sowohl als Einbettungsmedium als auch Wärmeübertragungsmedium dient.

Bild 7.1: Mit Isolierflüssigkeit gefüllte Prüfgefäße

7.1.1 Elektrische Alterung

Als erster Untersuchungsparameter wurde das Verhalten bei elektrischer Alterung gewählt, da die Ergebnisse als Grundlage für weitere Alterungsversuche verwendet werden sollte. Der Spannungspegel für die elektrische Alterung wurde in Abhängigkeit der Elektrodenanordnung der Prüflinge ausgewählt, die in **6.2.1** beschrieben ist. Die Prüflinge mit Rogowski-Elektroden wurden bei einer Spannung von $U = 20$ kV elektrisch gealtert, die eine Feldstärke von 100 kV/cm entspricht. In der Praxis sind Betriebsfeldstärke von 30-50 kV/cm üblich [Beyer-2]. die Prüflinge mit einer Nadel-Platte-Anordnung wurden bei einer elektrischen Belastung von $U = 10$ kV gealtert, die eine Feldstärke von 50 kV/cm entspricht. Beide Spannungspegel liegen deutlich über der TE-Einsetzspannung der Prüflinge, die ca. 4 kV betrug. Andere Arbeiten berichten über TE-Einsetzspannung für das inhomogene Feld von 5,6 kV [Kotte-1]. Zur Hochspannungserzeugung wurde ein Prüftransformator Typ TEO 100/10 verwendet. Die Energieversorgung für den Versuchstand erfolgte über einen Zellenschutzkasten, der gleichzeitig als Hauptschalter und primäres Überstromrelais fungierte. Mit einem regelbaren Transformator wurde die gewünschte Spannung eingestellt, Der vollständige Schaltkreis ist im **Bild 7.2** dargestellt.

Alle Prüflinge wurden parallel belastet, wobei die Anzahl der Prüflinge, die gleichzeitig gealtert wurden, in Abhängigkeit der Ausfälle variierte. Die Prüflinge wurden für beliebige Zeitintervalle unter Belastung gesetzt, Danach wurde der dielektrische Zustand mit einer TE-Messung erfasst. Weitere TE-Messungen erfolgten nach beliebigen Pausenzeit (Zeiten ohne elektrische Belastung) bei einfacher Lagerung. Das erwähnte Verfahren bildet einen Alterungszyklus nach und wurde mehrfach wiederholt.

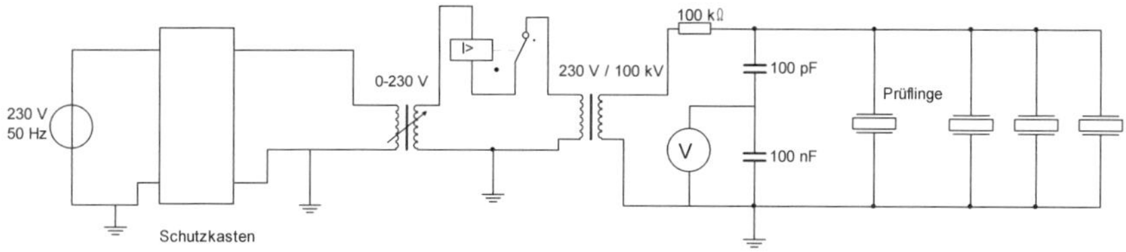

Bild 7.2: Schaltkreis für die elektrische Alterung bei 50 Hz

Spannung: 10 kV und 20 kV
Alterungsdauer: 1 – 1616 h

Temperatur: 15- 20°
Frequenz: 50 Hz

7.1.2 Elektrothermische Alterung

Der Versuchsaufbau für eine Alterung bei elektrothermischer Belastung ist mit dem Versuchsaufbau für die rein elektrische Alterung identisch bis auf die zusätzliche Heizung. Die thermische Belastung des Prüflings wurde durch eine Heizung bewirkt, indem die den Prüfling umgebende Isolierflüssigkeit auf die gewünschte Temperatur aufgeheizt wurde. Die Wärmeübertragung erfolgte somit konvektiv. Ein Temperaturregler des Typs MGW Lauda PTR-20 hielt die Prüflingstemperatur während der Alterung auf $\vartheta = 80°C$, die als Grenze der Glasumwandlungstemperatur für dieses Epoxidharzsystems zu betrachten ist. Die Temperaturmessung bzw. -kontrolle erfolgte durch einen Thermomessfühler, der im Gefäß angebracht war. **Bild 7.3** zeigt den Schaltkreis für die elektrothermische Alterung eines Prüflings.

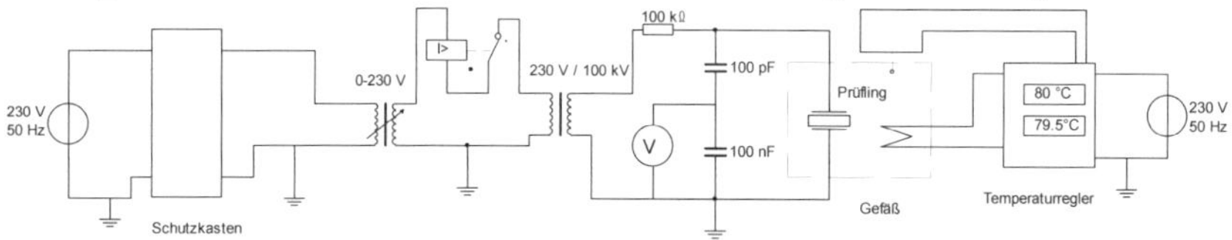

Bild 7.3: Schaltkreis für die elektrothermische Alterung bei 50 Hz

Spannung: 10 und 20 kV
Alterungsdauer: 1 - 169 h

Temperatur: 80°C
Frequenz: 50 Hz

Es wurden ebenfalls mehrere Prüflinge gemeinsam gealtert. Die TE-Messung erfolgte nach einer beliebigen Zeit unter Belastung bei Raumtemperatur. Danach erfolgte mit beliebiger Zeitdauer eine Lagerung bei Raumtemperatur, bevor ein neuer Zyklus mit elektrothermischer Belastung begonnen wurde. Unmittelbar nach der Lagerung wurde eine neue TE-Messung durchgeführt.

7.1.3 Thermische Alterung

Einige Prüflinge wurden nur thermisch gealtert. Dazu wurden die Prüflinge in einem Ofen bei einer Temperatur von $\vartheta = 80°C$ für beliebige Zeit gelagert. Nach der Belastung erfolgten eine Abkühlungsphase und eine TE-Messung. Es folgte eine Lagerung für eine beliebige Zeit bei Raumtemperatur. Dann folgte TE-Messung und eine erneute Temperaturbeanspruchung wieder.

7.1.4 Versuchsaufbau und Prüfablauf unter Hochfrequenz

Bei Isoliersystemen mit hochfrequenter Spannungsbelastung, treten im Isolierstoff Schädigungen auf, die unter Betriebsfrequenzbelastung ($f = 50$ Hz) nicht als Schwachstelle erkannt werden, da die hochfrequente Spannung schneller Schädigungen erzeugt. Zur Bestimmung dieser Schädigungen bzw. des Isoliermaterialverhaltens unter hochfrequenter Spannungsbelastung wurden folgende Versuche durchgeführt.

Die Prüflingsalterung erfolgte durch eine Belastung mit Hochspannung mit hoher Frequenz, die durch einen Spannungszwischenkreisumrichter des Typs SIMOVERT P 6SE48-16 erzeugt wurde, wobei die Frequenz zwischen f=0 und 500 Hz variiert werden konnte. Der Umrichter arbeitet auf der Basis von zwei Zwischenkreisen, wobei im ersten Zwischenkreis die Gleichrichtung der Eingangspannung erfolgt, und im zweiten Zwischenkreis die Gleichspannung mittels einer Hochfrequenzschaltung in eine pulsförmige Spannung mit einem quasi sinusförmigen Verlauf als Grundwelle umgewandelt wird. Die Ausgangsspannung des Umrichters ist in **Bild 7.4** dargestellt, wobei die mit vielen Impulsen überlagerte Grundwelle erkennbar ist.

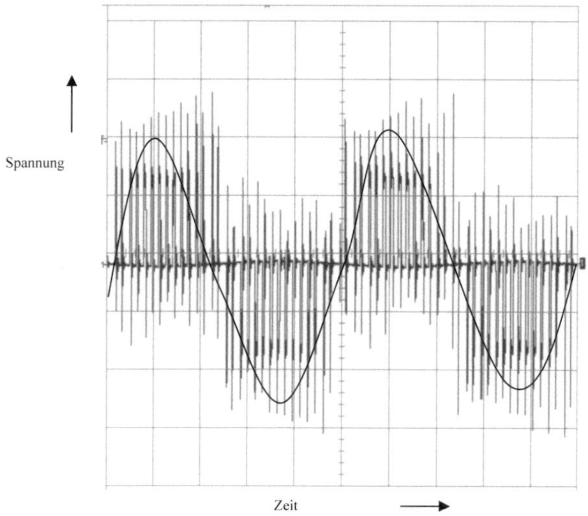

Bild 7.4: Ausgangspannung des Umrichters

Zeitauflösung: 400 µs/div Spannungsauflösung: 10 V/div

Die Ausgangspannung des Umrichters wird dann durch einen Tiefpassfilter gefiltert und als Einspeisung für die Hochspannungstransformatoren genutzt. Als Filter wird ein Tiefpassfilter zweiter Ordnung mit einen Kondensator und einen Transformator verwendet, der gleichzeitig als Induktivität und Widerstand dient. **Bild 7.5** zeigt das Ersatzschaltbild des Filters, **Bild 7.6** die Ausgangspannung des Filters, die gleichzeitig Einspeisung für die Hochspannungstransformatoren ist.

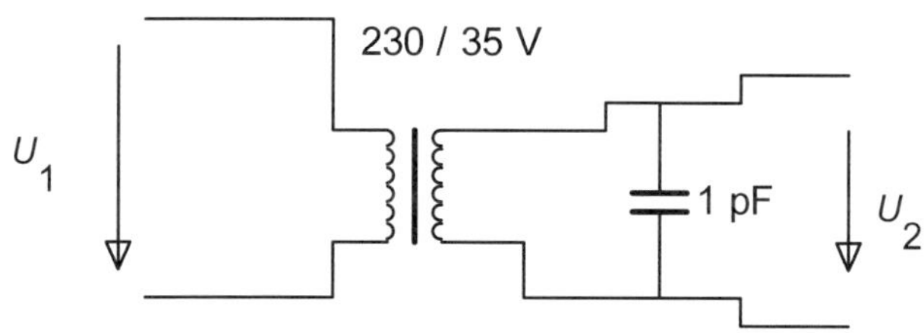

Bild 7.5: Tiefpassfilter zur Filterung der Oberschwingungen

Die Ausgangsspannung U_2 ist somit eine sinusförmige Spannung mit geringem Oberwellenanteil, der aber für die Untersuchungen vernachlässigbar ist.

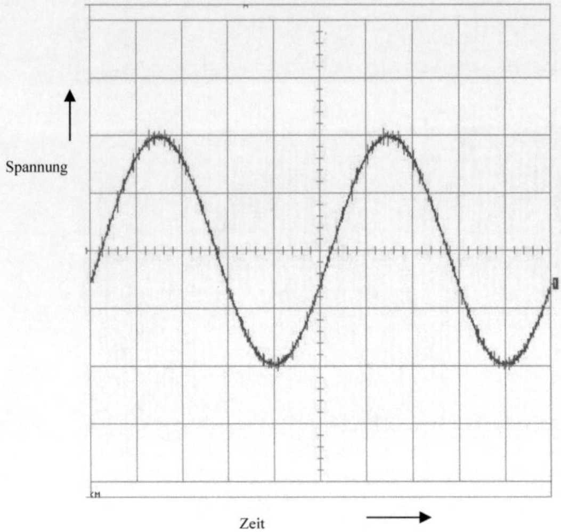

Bild 7.6: Spannungsverlauf nach der Filterung

Zeitauflösung: 400 µs/div Spannungsauflösung: 10 V/div

Mehrere Prüftransformatoren des Typs TEO 100/10 wurden parallel geschaltet, um den Bedarf an Blindleistung zu decken, wie in **Bild 7.7** dargestellt ist.

Ein 100 kΩ-Widerstand dient zur Strombegrenzung im Fall eines Kurzschlusses während des Versuchsablaufs. Als Prüflinge wurden die in **6.2.1** beschriebenen Ständerstäbe eingesetzt.

Insgesamt wurden 3 Ständerstäbe untersucht. Ein Ständerstab wurde nur thermisch belastet. Ein Ständerstab wurde nur elektrisch belastet und ein Ständerstab wurde elektrothermisch belastet, wobei in **Bild 7.6** nur die elektrische Belastung dargestellt ist.

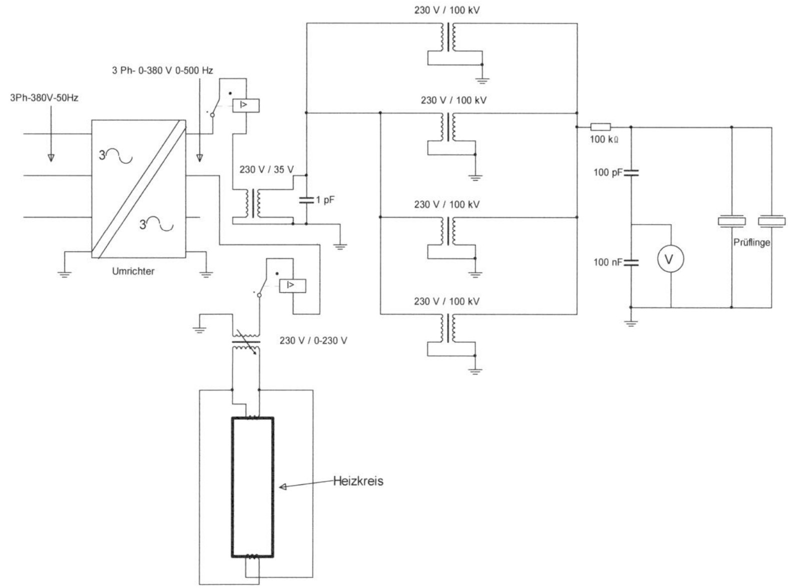

Bild 7.7: Verwendeter Schaltkreis zur Alterung der Prüflinge unter Hochfrequenzbelastung

Spannung: 0,10 kV

Alterungsdauer: > 10000 h

Temperatur: Umgebung, 40-60°C

Frequenz: 500 Hz

Für die elektrothermische Alterung wurde ein Ständerstab gemäß der Beschreibung in **6.2.1** verwendet. Die Spannungseinspeisung erfolgte für die elektrische, thermische und elektrothermische Alterung über den Umrichter. Die erforderliche Heizeinrichtung wurde über zwei Stromwandler betrieben, wobei der Prüfling eine Kurzschlusswindung darstellt und damit eine hohe Stromstärke erreicht werden kann. Beide Ständerstäbe wurden damit einer gleichen thermischen Belastung ausgesetzt. Während einer der Stäbe nur einer rein thermischen Alterung unterzogen wurde, wurde der andere Ständerstab zusätzlich einer elektrischen Alterung ausgesetzt, wie es in **Bild 7.7** dargestellt ist. Die Temperatur der Induktionsheizung konnte mittels eines Einstelltransformators im Bereich von $\vartheta = 40°C$ bis $\vartheta = 60°C$ verändert werden, die die Betriebstemperatur für diese Ständerstäbe bedeutet. Die Versuche wurden zunächst mit einer nicht zerstörenden Alterung begonnen, wobei die angelegte Spannung für die elektrische und thermoelektrische Alterung nur $U =$ 10 kV betrug, was dem Nennspannungswert entspricht.

Für die thermische Alterung wurde derselbe Prüfling nach **6.2.1** eingesetzt. Die thermische Alterungseinrichtung wurde ebenfalls mit dem Umrichter gespeist, wie es in **Bild 7.7** dargestellt ist. Die Ständerstäbe sind für Wärmeklasse F mit einer Temperatur von $\vartheta = 155$ °C dimensioniert. Als Alterungstemperatur wurden Temperaturen zwischen $\vartheta = 40$ °C und $\vartheta = 60$ °C gewählt, da das Hauptziel des Experiments nicht die Zerstörung der Prüflinge sondern die Ermittlung der Auswirkungen der Alterung mit Hilfe einer TE-Messungen war.
Die zeitliche Belastung der Ständerstäbe variierte zwischen $t = 10$ h bis $t = 1000$ h. Die Belastungszeit wurde stochastisch ausgewählt, sodass die Veränderungen des TE-Verhaltens während der Alterungszyklen eindeutig miteinander verglichen werden können. Das TE-Verhalten jedes Prüflings wurde vor und nach jedem Belastungszeitraum mit Hilfe der TE-Messung ermittelt, um mögliche Veränderungen zu erkennen.

7.2 Versuchsaufbau und Prüfablauf für äußere Festigkeit

Das Verhalten eines Isoliersystems wird auch durch das Oberflächenverhalten bestimmt. Aus diesem Grund wurde auch die äußere Festigkeit der verschiedenen Prüflinge untersucht. Dafür wurde Gleichspannung eingesetzt, da die Kriechstromfestigkeit in Abhängigkeit der Abmessung der Kriechweglänge für Wechselspannung und Gleichspannung unterschiedlich ist, und Untersuchungen mit Wechselspannungsbelastung in der Literatur sehr viel häufiger zu finden sind als Untersuchungen mit Gleichspannung.

7.2.1 Untersuchungen an glatten Oberflächen

Die Bestimmung der Kriechstromfestigkeit bei Gleichspannung erfolgte mit einer einfachen Einweggleichrichtung, indem eine Hochspannungsdiode als Gleichrichter und ein Kondensator als Glättung für die Wechselspannung verwendet werden.
Die Wechselspannungsversorgung erfolgte über einen Zellenschutzkasten, mit einer Spannungsregelung über einen regelbaren Stelltransformator, wie es in **Bild 7.8** dargestellt ist.
Als Hochspannungstransformator wurde ein Prüftransformator des Typs TEO 250/60Z eingesetzt. Der in Reihe geschaltete Widerstand $R = 100$ kΩ diente zur Strombegrenzung während eines Überschlages. Mit der Diode in Reihe zum Widerstand konnte die Polarität der Gleichspannung bestimmt werden.

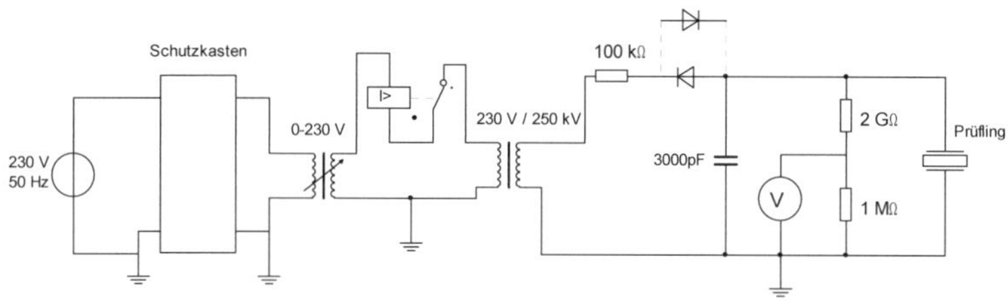

Bild 7.8: Schaltkreis zur Bestimmung der Kriechstromfestigkeit

Die Spannungsmessung erfolgte über einen Widerstandsteiler. Dieser Versuchsaufbau wurde sowohl für die Prüflinge mit kleiner, mittlerer und großer Kriechweglänge als auch für Prüflinge mit unterschiedlichen Oberflächeneigenschaften sowie für Versuche unter Luftströmung verwendet. Die Prüfung begann zunächst mit der Reinigung der Prüflingsoberflächen und der Hochspannungselektroden. Die Spannungsbelastung erfolgte mit einer Spannungssteigerungsgeschwindigkeit von $\Delta U = 1$ kV/s. Die Belastung der Isolieroberfläche erreichte dann nach einer gewissen Zeit einen Wert, bei dem ein Überschlag zwischen den beiden Hochspannungselektroden auftrat. Dieser Versuchsablauf wurde für jede Kriechweglänge drei Mal wiederholt.

Während der Versuchsdurchführungen wurden neben der Spannung auch die Temperatur und die Luftfeuchtigkeit gemessen, da diese Größen die Kriechstromfestigkeit der Prüflinge stark beeinflussen können. Nach jedem Überschlag am Prüfling wurde der Oberflächenzustand bezüglich Spuren des Überschlages kontrolliert. Wenn keine dauerhaften Spuren an der Oberfläche zu erkennen waren, wurde derselbe Prüfling bis zu drei Mal mit Spannung beaufschlagt. Nach einer gewissen Zeit der Lagerung der Prüflinge wurde die Prüfung wiederholt, um das Überschlagsverhalten vor und nach der Lagerung zu vergleichen.

7.2.2 Untersuchungen an rauen Oberflächen

Untersuchungen über das Kriechstromverhalten der Isolierstoffoberflächen sollten auch die physikalische Beschaffenheit der Oberfläche berücksichtigen. Dazu wurde eine Bearbeitung der Prüflingsoberflächen mit Schmirgelpapier vorgenommen. Das Oberflächenprofil der Prüflinge wurde mittels Schleifvorgängen in verschiedenen Richtungen sowie in unterschiedlichen Tiefen verändert. Diese Schliffe wurden in drei Ausführungen auf den Isolierstoffoberflächen ausgeführt, die in parallele, senkrechte und kreisförmige Schliffe unterteilt werden können. Zusätzlich wurden Schliffe in Handarbeit angefertigt, sodass die Prüflingsoberflächen infolge der Handbearbeitung nicht gleichmäßig waren. In **Bild 7.9** sind die unterschiedlichen Schliffrichtungen dargestellt, wobei sich die Richtungsangaben auf die Feldstärkeorientierung beziehen, die durch die Elektrodenanordnung vorgegeben ist. Die Schliffe wurden nur bei

Prüflingen mit großer Kriechweglänge eingesetzt, da diese Anordnung realitätsnah zu Hochspannungsgeräte ist.

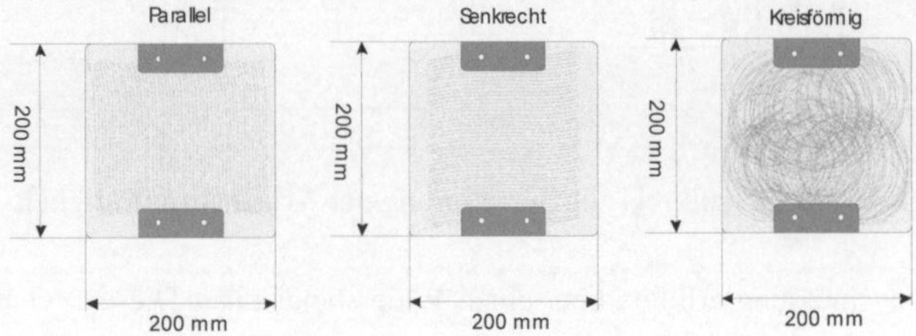

Bild 7.9: Darstellung von Prüflingen mit verschiedenen Oberflächenrauigkeitsrichtungen

Die Rauigkeit der Prüflinge wurde in drei unterschiedlichen Rautiefen ausgeführt, um auch die Auswirkungen der Rautiefe auf die Kriechstromfestigkeit zu untersuchen. Diese Tiefenunterschiede wurden durch die Verwendung dreier unterschiedlicher Rauigkeitsgrade des Schmirgelpapiers erreicht, die mit *P40*, *P100* sowie *P400* bezeichnet sind. Die Rauigkeitsgrad-Bezeichnung des Schmirgelpapiers entspricht der Anzahl der Maschen eines Siebes pro Zoll des jeweiligen Schmirgelpapiers. **Tabelle 7.1** zeigt die entsprechende Korngröße für die verwendeten Schmirgelpapiere.

Bezeichnung	Korngröße [µm]
P40	450
P100	160
P400	40

Tabelle 7.1: Korngröße für den Rauigkeitsgrad eines Schmirgelpapiers

Bild 7.10 zeigt die mikroskopische Aufnahme eines Prüflings, der mit einem Schmirgelpapier *P40* behandelt wurde. Die Oberflächenrauigkeit erreicht nicht den Wert der für den Schleifvorgang verwendeten Körner, sondern ist erheblich geringer. Auch die starken Unregelmäßigkeiten in der Rauigkeitsverteilung auf der Oberfläche sind eindeutig zu erkennen. Trotz dieser Unregelmäßigkeiten sind die Versuchsergebnisse bezüglich der Auswirkungen unterschiedlicher Rautiefen eindeutig.

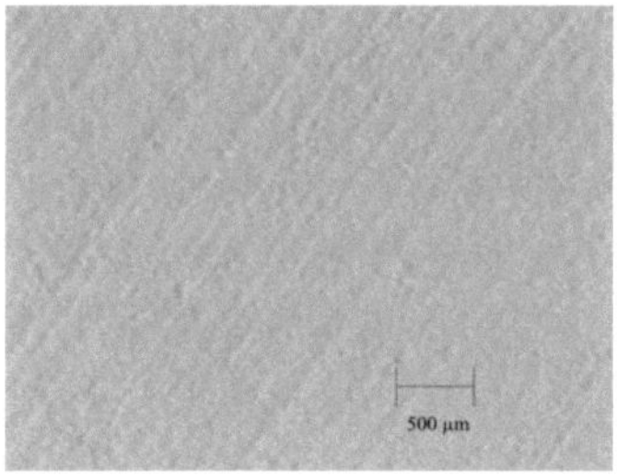

Bild 7.10: Mikroskopische Aufnahme eines Prüflings nach der Behandlung mit dem Schmirgelpapier *P40*

7.2.3 Untersuchungen an Oberflächen unter Luftströmung

Die Kriechstromfestigkeit einer Isolierstoffoberfläche wird nicht nur von ihrer Kontur bestimmt, sondern auch vom umgebenden Einbettungsmedium. Die Umgebungsluft bildet dabei in der Regel das Einbettungsmedium für viele Arten von Isolatoren. Aus diesem Grund wurde ein Versuchstand für die Bestimmung der Kriechstromfestigkeit einer Isolierstoffoberfläche unter Einfluss einer Luftströmung eingerichtet. Die Luftströmungen wurden mit einem Luftverdichter mit einem Luftdruck von bis zu $p = 1470$ kPa erzeugt. Durch den Einsatz von unterschiedlichen Düsen konnten Luftgeschwindigkeiten im Bereich von $v_L = 0{,}5$ m/s bis $v_L = 40$ m/s erreicht werden. **Bild 7.11** zeigt die Prüfling-Düse-Anordnung während eines Versuchs unter Luftströmungen. Die Messungen der Luftgeschwindigkeit erfolgten mit Hilfe eines digitalen Windgeschwindigkeitsmessers (Anemometer) des Typs RS-AVM-09.

Bild 7.11: Prüfling-Düse-Anordnung für einen Versuch unter Luftströmungseinfluss

Der Versuchsablauf begann mit der Reinigung der Prüflingsoberfläche. Die Luftgeschwindigkeit wurde mit Hilfe eines Ventils und des Windgeschwindigkeitsmessers auf eine konstante Luftgeschwindigkeit eingestellt. Der Windgeschwindigkeitsmesser wurde dann aus dem Versuchsaufbau entfernt, und die Hochspannung eingeschaltet. Die Spannungssteigerungsgeschwindigkeit betrug $\Delta U = 1$ kV/s und die Spannung wurde bis zum Überschlagseintritt kontinuierlich erhöht. Nach dem Überschlag wurden die Hochspannung und die Luftströmung ausgeschaltet, und die Prüflingsoberfläche geprüft, ob Spuren des Überschlages zu erkennen waren. Wenn keine Spuren vorhanden waren, wurde der Prüfling erneut einer Belastung unterzogen. Dieses Prüfverfahren wurde mit unterschiedlichen Luftgeschwindigkeiten wiederholt, um den Zusammenhang zwischen der Überschlagspannung und verschiedenen Luftgeschwindigkeiten zu ermitteln. Für diese Versuche wurden nur Prüflinge mit mittlerer Kriechweglänge eingesetzt.
In der internationalen Normung [IEC-60112, IEC-60587] liegen keine Vorschriften über Prüfverfahren für Isolierstoffe mit rauen Oberflächen oder unter zusätzlichen Prüfparametern wie z.B. einer Luftströmung vor, sodass die Prüfanordnung für diese Versuche so gewählt wurde, dass die Luftströmung den größten Einfluss auf die Überschlagspannung hat. Darüber hinaus wurden der Einfluss der Luftfeuchtigkeit und der Lufttemperatur hier nicht berücksichtig, allerdings für die Auswertung die relative Luftfeuchtigkeit und die Lufttemperatur während der Versuche erfasst und protokolliert.

7.3 TE-Messung

Bei den Versuchen zur Bestimmung der inneren Festigkeit wurde die TE-Messung als Methode für die Erfassung von Änderungen ausgewählt, so dass unmittelbar nach jedem relevanten Zeitabschnitt eine TE-Messung, gemäß dem Schaltkreis in **Bild 7.12** durchgeführt wurde. Für die Prüflinge unter thermischer und elektrothermischer Belastung wurde vor der TE-Messung jeweils eine Abkühlungsphase auf Umgebungstemperatur eingehalten.

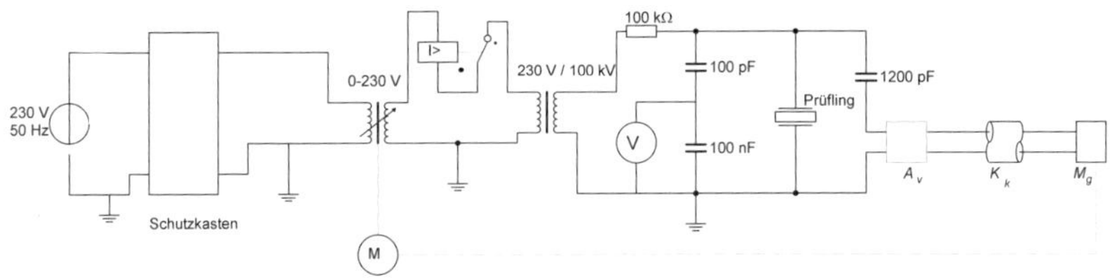

Bild 7.12: Schaltkreis für die TE-Messung/Erfassung

M	Motor	A_v	Ankopplungsvierpol
K_k	Koaxialkabel	M_g	TE-Messgerät
V	Voltmeter		

Für die TE-Messung wurde ein TE-Messgerät des Typs LDS-6 verwendet. Gleichzeitig konnte es auch als Steuergerät für den Motor bzw. das Antriebssystem des variablen Transformators benutzt werden, wie in **Bild 7.12** dargestellt ist. Die Spannungserhöhung für die TE-Messung erfolgte in drei Stufen $U_1 = 1{,}5$ kV, $U_2 = 3$ kV und $U_3 = 6$ kV gemäß **Bild 7.13**, wobei eine Spannung von 6 kV eine Feldstärke von 30 kV/cm erzeugt, was der Durchschlagfeldstärke in Luft entspricht. Die Zeiten stabiler Spannung dienen der Stabilisierung der Teilentladungen.

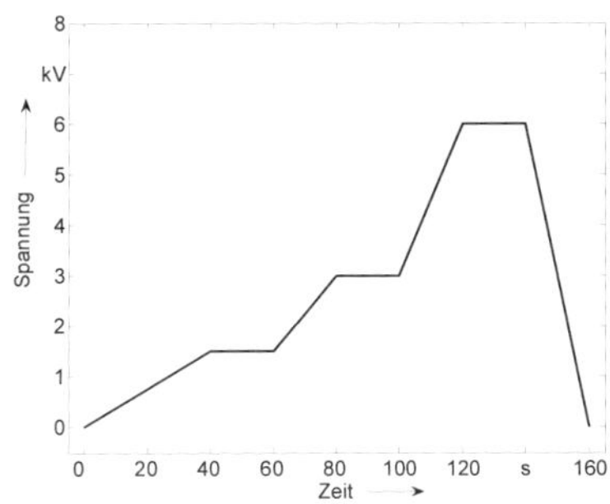

Bild 7.13: Zeitlicher Verlauf der Spannung während der TE-Messung für Epoxidharzprüflinge

Dieser zeitliche Verlauf wurde auch für die TE-Messung an Ständerstäben verwendet. Der Spannungspegel wurde allerdings bis zu einem Wert von $U = 10$ kV erhöht, sodass die Spannungsstufen $U_1 = 3$ kV, $U_2 = 6$ kV und $U_3 = 10$ kV durchlaufen wurden, wie es in **Bild 7.14** dargestellt ist.

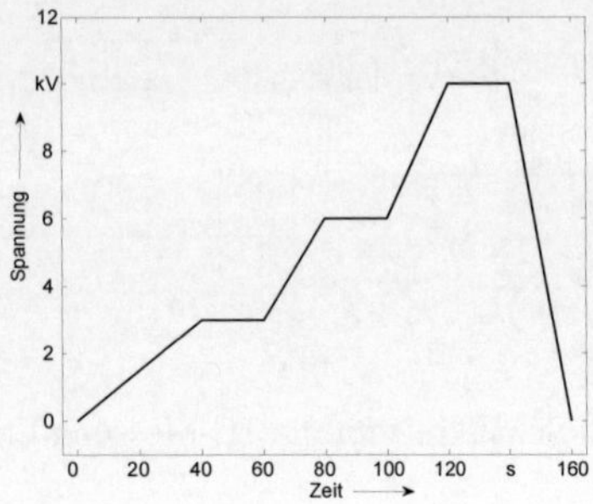

Bild 7.14: Zeitlicher Verlauf der Spannung während der TE-Messung an Ständerstäben

8 Ergebnisse zur inneren Festigkeit

Information über die innere Festigkeit werden in der Regel durch TE-Messung gewonnen. Die TE-Messung beinhaltet verschiedene Parameter wie Messzeit, Einsetzspannung, Aussetzspannung oder Impulsrate. Die Darstellung der Ergebnisse erfolgt durch drei Diagramme, in denen jeweils die Alterungszeit, die Zeitabschnitte (Δt) mit Belastung, und die Zeitabschnitte (Δt) ohne Belastung als X-Achse verwendet wurden. Als Alterungszeit wird die Summe aller Δt mit Belastung für jeden Prüfling definiert. Δt mit Belastung bezeichnet den Zeitabschnitt, indem der Prüfling unter Belastung war. Δt ohne Belastung bezeichnet den Zeitabschnitt, indem der Prüfling ohne Belastung nur gelagert wurde.

Zum Verständnis ist in **Bild 8.1** eine graphische Darstellung des Ablaufes einer hypothetischen TE-Messung in Abhängigkeit der Zeit angegeben, wobei die Zeitpunkte für die TE-Messung durch die Zahlen 1 bis 4 gekennzeichnet sind.

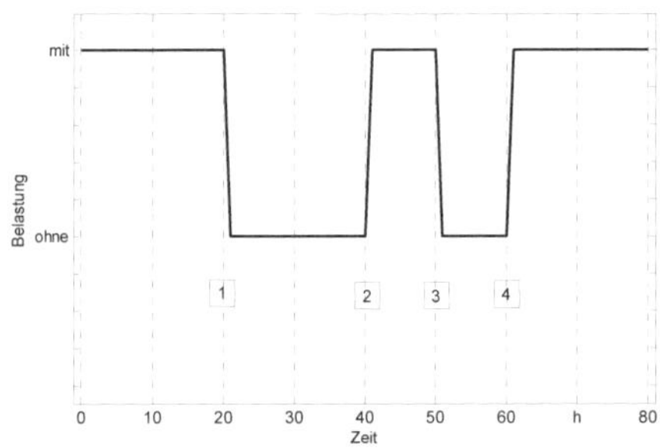

Bild 8.1: Zeit unter Belastung oder Pause

Die TE-Messung 1 erfolgt nach 20 h. Die Alterungszeit beträgt 20h, die Belastungszeit 20 h, die Pausenzeit (Zeit ohne Belastung) 0 h. Für die TE-Messung 2 ergeben sich folgende Bedingungen: Alterungszeit 20 h, Belastungszeit 0 h (da zwischen 1 und 2 keine Belastung erfolgt) und Pausenzeit 20 h. Für die TE-Messung 3 ergeben sich folgende Bedingungen: Alterungszeit 30 h (Summe der Belastungszeiten), Belastungszeit 10 h (Zeit zwischen 2 und 3) und Pausenzeit 0 h (da der Messung keine Zeit ohne Belastung vorausgeht). Für die TE-Messung 4 ergeben sich folgende Bedingungen: Alterungszeit 30 h, Belastungszeit 0 h und Pausenzeit 10 h.

8.1 Ergebnisse der Alterung bei 50 Hz

Eine Belastung kann im Prüfling Änderungen der inneren Festigkeit verursachen, die wegen der Empfindlichkeit der jeweiligen Diagnosemethoden nicht immer einfach zu erfassen sind, sodass nicht alle Diagnosemethoden für die Erkennung kleiner

Veränderungen bezüglich der inneren Festigkeit geeignet sind. Für die Ermittlung der inneren Festigkeit der Prüflinge bei einer elektrischen Alterung mit 50 Hz wurde die TE-Messung eingesetzt, da sie eine hohe Empfindlichkeit auch für Schädigungen in mikroskopischen Bereich aufweist.

Als TE-Messzeit wird die Zeit (z. B. 160 s in **Bild 7.12**) bezeichnet, während der TE-Signale aufgezeichnet werden. Als TE-Einsetzspannung wird die angelegte Spannung definiert, bei der eine gemessene scheinbare Ladung von mindestens 10 pC auftritt. Als TE-Aussetzspannung wird die angelegte Spannung definiert, bei der eine scheinbare Ladung von weniger als 10 pC auftritt. Als TE-Impulsrate wird die Anzahl der Impulse pro TE-Messzeit definiert, deren scheinbare Ladung über 10 pC liegt.

8.1.1 Elektrische Belastung

Während des Herstellungsprozess der Epoxidharzisoliersysteme können Fehlstellen oder Hohlräume im Inneren entstehen, deren Anordnung sehr unterschiedlich sein kann. **Bild 8.2** zeigt beispielhaft verschiedene Hohlräume. Während der Belastung können sich die verschiedenen Bedingungen für eine Zündung oder Löschung der Teilentladungen in diesen Hohlräumen ändern.

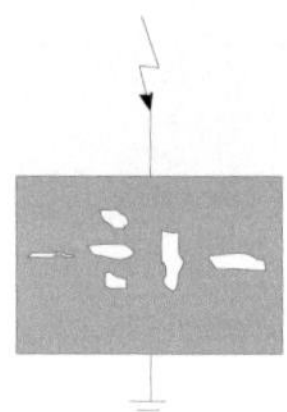

Bild 8.2: Verschiedene Hohlräume in einem Isolierstoff

Die Zündvorgänge werden durch eine Änderung der Leitfähigkeit der Hohlraumwände oder des Gasdruckes in den Hohlräumen beeinflusst [Beyer-2]. Durch eine Zündung im Hohlraum können Teile der Hohlraumwände leitfähiger werden. Wenn die Kapazität des Hohlraumes als konstant angenommen ist, und weniger Spannung für eine weitere Zündung zwischen den noch nicht beschädigten Hohlraumwänden benötigt wird, dann wird die scheinbare Ladung geringer in der Amplitude sein. (siehe Gleichung 5.3)

Wenn durch eine Zündung im Hohlraum eine Temperaturerhöhung des Gases verursacht wird, dann ergibt sich gemäß dem Gasgesetz eine Erhöhung des Gasdruckes. Da nach dem Paschen-Gesetz die Zündspannung abhängig von Gasdruck ist, wird somit eine höhere Spannung benötigt, um eine weitere Zündung bei erhöhtem

Gasdruck zu erreichen. Wenn auch für dieses Fall die Kapazität des Hohlraums als konstant angenommen werden kann, wird die scheinbare Ladung aufsteigen, wenn weitere Zündungen erfolgen.

Empfindliche Messverfahren wie die TE-Messung lassen die Zündung oder Löschung einzelner Hohlräume erkennen. Mehrere Hohlräume mit ähnlichen Zündeigenschaften erhöhen allerdings die Komplexität der Auswertung der TE-Messung, da die Zuordnung des Ursprungs für die TE-Impulse schwierig ist. Auch Vorgänge wie die Erhöhung des Gasdruckes oder Änderungen in der Leitfähigkeit können die TE-Einsetzspannung, TE-Impulsrate und scheinbare Ladung beeinflussen. Mehrere kleine Hohlräume können sich zu einem neuen großen Hohlraum entwickeln, der später zu einem vollkommenen Durchschlag führen kann, wobei eine Unterscheidung zwischen Zündungen in alten und neuen Hohlräumen schwierig ist.

In einem Epoxidharzisoliersystem ist zu erwarten, dass mehrere Zünd- und Lösch-Vorgänge in mehreren Hohlräumen mit verschiedenen TE-Einsetzspannungen und scheinbaren Ladungen gleichzeitig auftreten, was sich z. B. in einer höheren TE-Impulsrate zeigen kann. Wenn eine Belastung des Epoxidharzisoliersystems weit über die Grenzen der Einsetzspannung erfolgt, werden einige Hohlräume durch die Erhöhung der Leitfähigkeit oder den Gasdruck nicht mehr zünden, sodass die TE-Impulsrate vermindert wird.

Bei Untersuchungen von Hochspannungs-Gasaußendruckkabeln mit Öl-Papier und Stickstoff wurde eine deutliche Abhängigkeit der TE-Einsetzspannung vom Gasdruck ermittelt [Kumm-1]. Da die Spannungsverteilung von der Dielektrizitätszahl abhängt, können Gaseinschlüsse in einem Kabel mit Hohlräumen in einen festen Isolierstoff hinsichtlich ihres TE-Verhaltens verglichen werden. Eine Änderung des Zündmechanismus durch die Erhöhung des Gasdrucks hat höhere Werte der scheinbaren Ladung und der TE-Einsetzspannung zu Folge.

Eine Erhöhung der Leitfähigkeit wird sich dagegen durch eine Verminderung der TE-Einsetzspannung und scheinbaren Ladung widerspiegeln.

Untersuchungen an Polyethylen und Epoxidharz zeigten eine Verminderung der scheinbaren Ladung bereits nach einer Stunde unter elektrischer Belastung [Engel-1]. Untersuchungen an HDPE gehen von einer vollständigen Rückkehr zu den vorherigen TE-Messwerten nach einer Pause von einigen Stunden oder Tagen aus [Kurrat-1], wenn die Änderungen nur aufgrund des Gasdruckes aufgetreten sind. Eine Pause führt zu einer Verminderung des Gasdrucks in Hohlräume aufgrund der sinkenden Temperatur und der Gas-Diffusion, sodass sich danach neue Bedingungen für den Zündmechanismus ergeben. Wenn vorher einige Hohlräume durch Belastung nicht mehr zu den TE beigetragen haben, können sie wieder zünden und es ist dann zu erwarten, dass die TE-Messung nach einer Pause eine niedrigere TE-Einsetzspannung und hohe TE-Impulsrate zeigt. Bei Änderungen der Leitfähigkeit oder Bildung von

Durchschlagkanälen ist eine vollständige Rückkehr zu den vorherigen Zündbedingungen nicht mehr möglich, da diese Änderungen irreversibel sind. Die Fehlstellen sind dann mehr oder weniger leitfähig, sodass kein Spannungsabbau und keine Entladungen mehr auftreten. Die Folge ist eine Abnahme der TE-Impulsrate.

Eine Abnahme der TE-Impulsrate unter längerer elektrischer Belastung wird auch in anderen Arbeiten berichtet [Henriksen-1].

Die Ergebnisse für die elektrische Belastung wurden aus einem Kollektiv von 20 Prüflingen gewonnen, wobei die TE-Messung an mehreren Prüflingen zu verschiedenen Zeiten durchgeführt wurde. Aus diesem Grund sind in der Darstellung der Ergebnisse einige Werte mit einem Balken für Mittelwert und Standardabweichung versehen. Die Werte für die Abszisse sind in der Darstellung nicht linear dargestellt, sondern zeigen die Zeitpunkte der jeweiligen Messung. **Bild 8.3** zeigt die TE-Einsetzspannung für Prüflinge mit inhomogenem Feld unter elektrischer Belastung in Abhängigkeit der Alterungszeit.

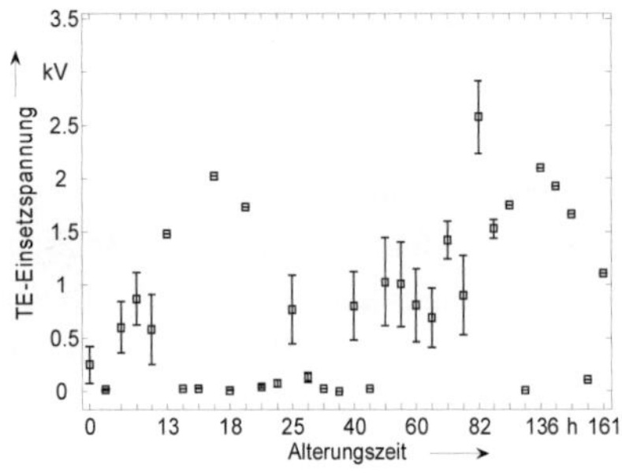

Bild 8.3: TE-Einsetzspannung für Prüflinge mit inhomogenem Feld bei elektrischer Belastung in Abhängigkeit der Alterungszeit

Niedrige Werte in **Bild 8.3** treten im Zusammenhang mit Änderungen im Gasdruck und der Anzahl der zündenden Hohlräume auf. Die Darstellung derselben TE-Einsetzspannung aber in Abhängigkeit der Zeit unter Belastung zeigt in **Bild 8.4** auch niedrige Werte während des gesamten Untersuchungszeitraumes.

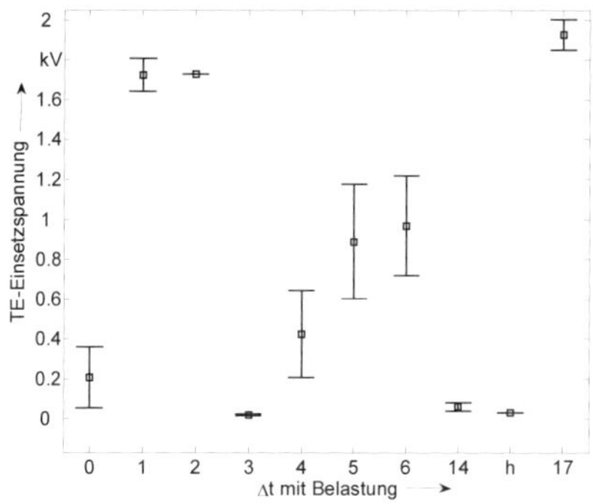

Bild 8.4: TE-Einsetzspannung für Prüflinge mit inhomogenem Feld bei elektrischer Belastung in Abhängigkeit der Belastungszeit

In **Bild 8.5** gehen die Werte der TE-Einsetzspannung in Abhängigkeit der Pausenzeit zurück, wobei eine grundsätzliche Abhängigkeit der TE-Einsetzspannung von der Pausenzeit zu erkennen ist.

Mit einer Verminderung des Gasdruckes werden die Werte der TE-Einsetzspannung und TE-Aussetzspannung sinken, bei gleichzeitiger Zunahme der Werte der TE-Impulsrate. In den **Bildern 8.5** und **8.6** rechts gehen die Werte der TE-Einsetzspannung zurück, während in **Bild 8.7** rechts eine zunehmende Tendenz der TE-Impulsrate zu erkennen ist.

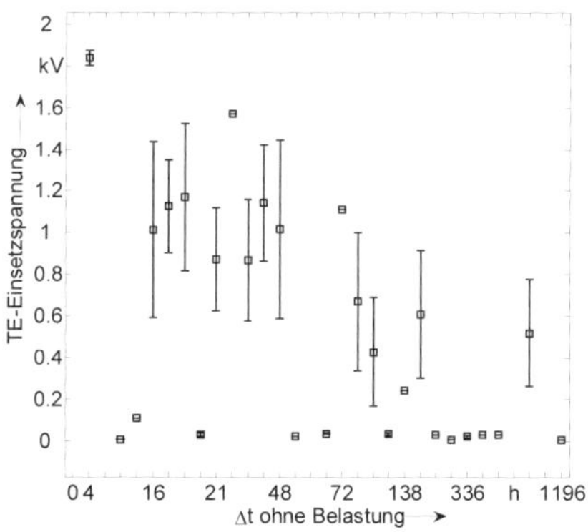

Bild 8.5: TE-Einsetzspannung für Prüflinge mit inhomogenem Feld bei elektrischer Belastung in Abhängigkeit der Pausenzeit

Die TE-Aussetzspannung ist ein weiterer Parameter, der mit **Bild 8.6** erläutert werden soll. Die Änderungen des Gasdruckes in den Hohlräumen zeigen sich in der TE-Aussetzspannung, indem die niedrigen und hohen TE-Aussetzspannungen gemessen werden.

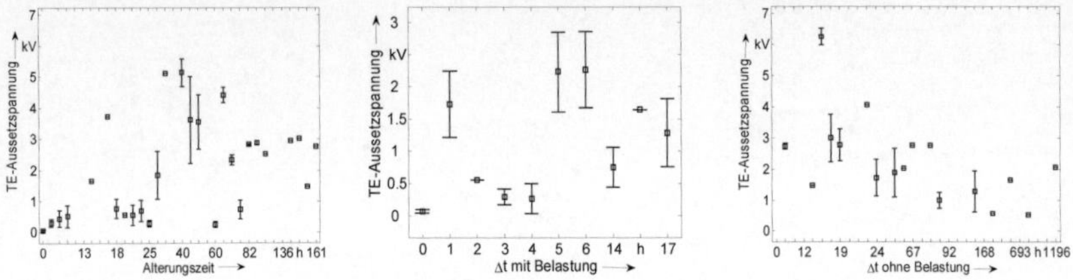

Bild 8.6: TE-Aussetzspannung für Prüflinge mit inhomogenem Feld bei elektrischer Belastung

Verbunden mit der Änderung der TE-Aussetzspannung ist auch die TE-Impulsrate, da der Gasdruck die Zündbedingungen beeinflusst. Es sind daher steigende und abnehmende Tendenzen in den Verläufen der TE-Impulsrate in **Bild 8.7** zu beobachten.

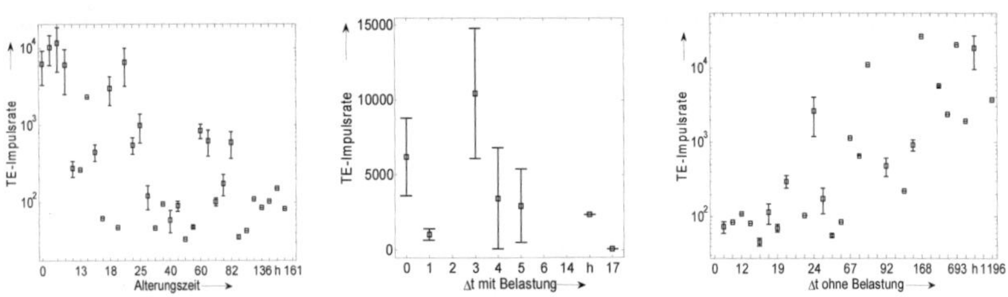

Bild 8.7: TE-Impulsrate für Prüflinge mit inhomogenem Feld bei elektrischer Belastung

Der Abnahme der TE-Impulsrate bei Δt mit Belastung steht eine Zunahme bei Δt ohne Belastung gegenüber. Beide Verläufe bestätigen die Annahme, dass die Gasdruckerhöhung eine Verhinderung der TE bedeutet.

Durch das TE-Verhalten und die Untersuchungen der Grenzflächen können die Alterungseffekte erkannt werden. Als Grenzfläche wird die Fläche zwischen dem Isolierstoff und der Elektrode definiert. Mit Hilfe eines Mikroskops wurden

Aufnahmen der Durchschlagkanäle im Isolierstoff im Bereich zwischen den Elektroden und außerhalb der Elektroden erstellt. Die mikroskopischen Aufnahmen zeigen naturgemäß nur den Endzustand der Durchschlagentwicklung, aber sie sollen die Interpretation der Ergebnisse unterstützen.

Bild 8.8 links zeigt eine 40-fach vergrößerte Ansicht des Durchschlagskanals an einem Prüfkörper mit Rogowski-Elektrodenanordnung nach vorheriger elektrischer Belastung. Der Durchschlagkanalverlauf ist durch eine rote Linie zur besseren Erkennung gekennzeichnet. In der Nähe dieses Durchschlagkanals sind auf der Abbildung kleine glänzende Teilchen des Elektrodenmaterials zu erkennen, die auf Grund der starken Haftung zwischen dem Epoxidharz und der Messing-Elektrodenoberfläche auf der Harzgrenzfläche bei der Trennung geblieben sind. **Bild 8.8** Mitte zeigt ebenfalls Spuren des Elektrodenmaterials, wobei diese aus einem Bereich außerhalb des Durchschlagkanals stammen. **Bild 8.8** rechts stellt eine Grenzfläche außerhalb des Elektrodenbereichs ohne abgelöste Messingteilchen des Elektrodenmaterials dar.

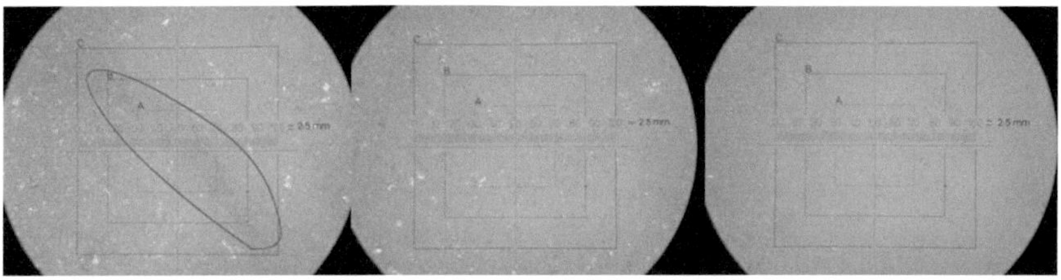

Bild 8.8: Mikroskopische Aufnahmen von verschiedenen Bereichen eines Prüflings nach vorheriger elektrischer Belastung mit 40-facher Vergrößerung

Für eine genauere Analyse wurde eine mikroskopische Aufnahme einer Messingelektrode mit hoher Auflösung gemacht, die in **Bild 8.9** dargestellt ist, wobei wiederum glänzende Teilchen des Elektrodenmaterials in den Aufnahmen zu finden sind.

Bild 8.9: Mikroskopische Aufnahme der Oberfläche einer Messingelektrode mit Rogowski-Profil und 400-facher Vergrößerung

Ebenfalls mit hoher Auflösung wurden Bereiche des Isolierstoffes aufgenommen und in **Bild 8.10** dargestellt.

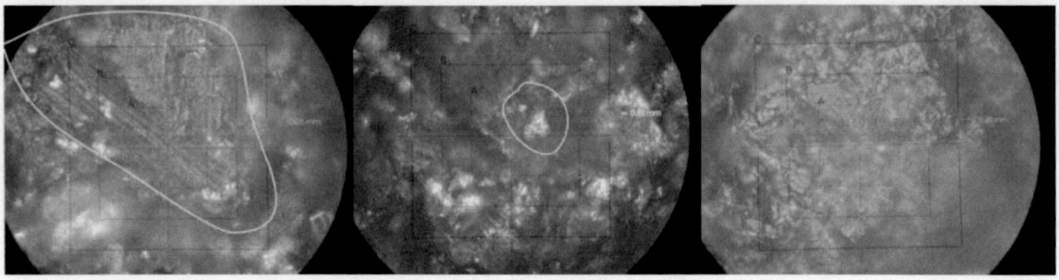

Bild 8.10: Mikroskopische Aufnahmen verschiedener Bereiche eines Prüflings nach einer elektrischen Belastung in 400-facher Vergrößerung

Bild 8.10 links zeigt den Durchschlagkanal, wobei die Spuren der Isolierstoffschädigungen durch eine gelbe Linie gekennzeichnet sind. Der Durchschlagkanal hat sich zunächst parallel zum elektrischen Feld entwickelt und es zeigen sich mehrere parallele Bahnen. Im weiteren Verlauf wechselt die Richtung des Durchschlagkanals und verläuft dann senkrecht zum anliegenden elektrischen Feld. Der Durchschlagkanal ist durch Teilentladungen nach einer Alterungszeit von 288 h entstanden. Die amorphe Struktur des Epoxidharzes begünstigt dabei die Entstehung der Teilentladungen. Auch hier sind in der Aufnahmen wieder die glänzenden Teilchen der Elektrodenrückstände zu erkennen, die im mittleren Bild durch die gelbe Linie verdeutlich werden. **Bild 8.10** rechts zeigt eine Aufnahme der Harzgrenzfläche außerhalb des Elektrodenbereiches. Die Vernetzungsstruktur des Epoxidharzes ist gut zu erkennen. Eine weitere Vergrößerung auf den Faktor 1000 deckt noch weitere Eigenheiten der untersuchten Bereiche auf, die in **Bild 8.11** links zu sehen sind.

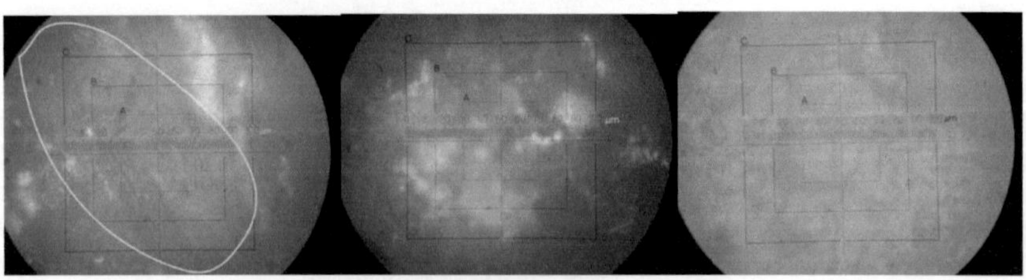

Bild 8.11: Mikroskopische Aufnahmen von verschiedenen Bereichen eines Prüflings nach elektrischer Alterungsbelastung mit 1000-facher Vergrößerung

Bild 8.11 rechts zeigt amorphe Bereiche des Epoxidharzes, die keine glänzenden Teilchen des Elektrodenmaterials mehr enthalten. Im linken Teil von **Bild 8.11** ist der Durchschlagkanal mit einer gelben Linie gekennzeichnet, wobei sich die Wände in schwarzer Farbe darstellen, die aufgrund der Verbrennung entstanden ist. Im mittleren Teil von **Bild 8.11** ist der Bereich außerhalb des Durchschlagkanals dargestellt, wobei wieder glänzende Teilchen des Elektrodenmaterials zu erkennen sind.

Die Größe der Grenzflächenbereiche in den **Bildern 8.8** bis **8.11** ist eine Voraussetzung für das Auftreten mehrerer Hohlräume, da mit Vergrößerung des Volumens die Anzahl der Hohlräume in den Prüflingen steigt, und somit auch die Anzahl der möglichen Teilentladungsorte [Beyer-2]. Die räumliche Verteilung der Hohlräume und ihre Größe erhöhen zusätzlich die Wahrscheinlichkeit von niedrigen Werten für TE-Einsetzspannung. Die Ergebnisse der Messung der TE-Einsetzspannung zeigen daher eine große Streuung, wie in **Bild 8.12** zu sehen ist.

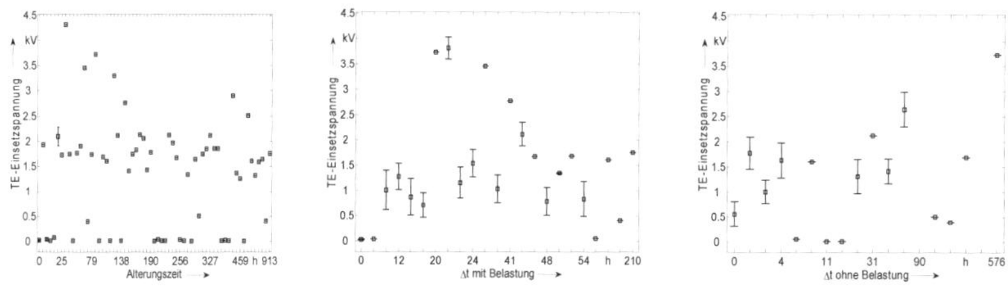

Bild 8.12: TE-Einsetzspannung für Prüflinge mit homogenem Feld bei elektrischer Belastung

Die TE-Einsetzspannung zeigt ähnliches Verhalten, wie die TE-Aussetzspannung in **Bild 8.13**. Auch hier ist wieder eine große Streuung der Messwerte zu erkennen.

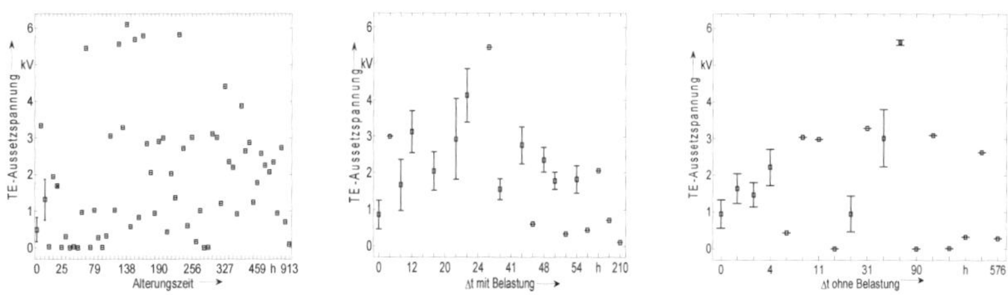

Bild 8.13: TE-Aussetzspannung für Prüflinge mit homogenem Feld bei elektrischer Belastung

Das **Bild 8.14** zeigt die Entwicklung der TE-Impulsrate in den drei verschiedenen Zeitdarstellungen, wobei ein starker Abfall der Werte nach langem Δt mit Belastung zu erkennen ist, was auf deutliche Veränderungen der TE-Stellen schließen lässt.

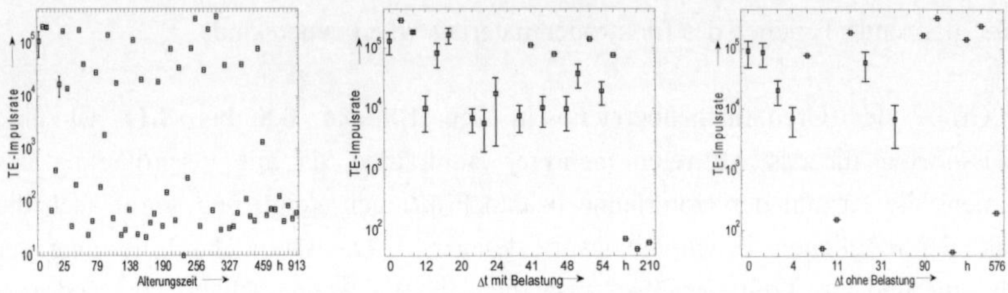

Bild 8.14: TE-Impulsrate für Prüflinge mit homogenem Feld bei elektrischer Belastung

8.1.2 Thermische Belastung

Durch die parallele Alterung der Prüflinge wird eine Gleichbehandlung erreicht, sodass die Interpretation der Ergebnisse der thermischen Belastung erleichtert wird. Die Darstellung für Alterungszeit, Δt mit Belastung und Δt ohne Belastung ermöglicht es, die Effekte von Pausenzeiten und Belastungszeiten getrennt zu beobachten. **Bild 8.15** zeigt eine erkennbare Zunahme bei Belastung und erkennbare Abnahme bei Pause für die TE-Einsetzspannung.

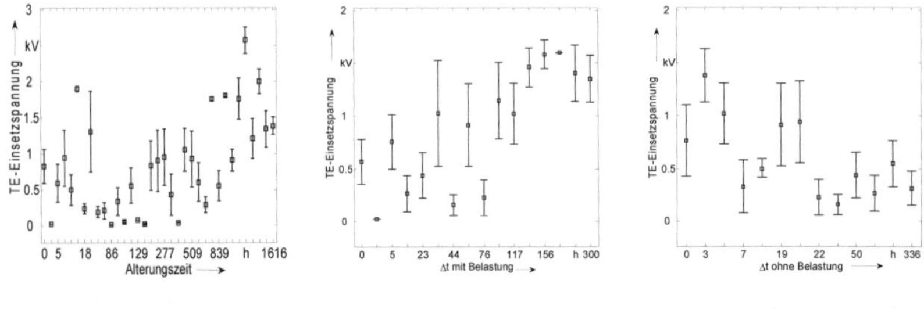

Bild 8.15: TE-Einsetzspannung für Prüflinge mit inhomogenem Feld bei thermischer Belastung

Die TE-Aussetzspannung weist in Abhängigkeit des Δt mit Belastung eine Steigerung und des Δt ohne Belastung eine Verminderung auf, wie es im **Bild 8.16** dargestellt ist.

Die Tendenzen der Verläufe der TE-Einsetzspannung und TE-Aussetzspannung für die Darstellungen mit und ohne Belastung zeigen ähnliches Verhalten, indem bei einem Δt mit Belastung eine Zunahme, und bei einem Δt ohne Belastung eine Abnahme der Spannungswerte festzustellen ist.

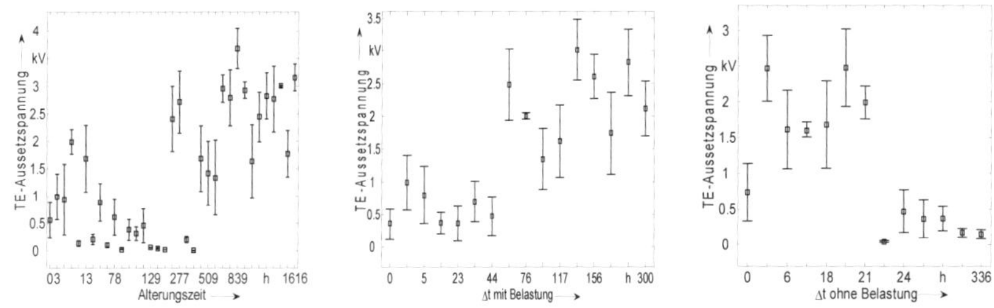

Bild 8.16: TE-Aussetzspannung für Prüflinge mit inhomogenem Feld bei thermischer Belastung

Die TE-Impulsrate für die Prüflinge mit inhomogenem Feld unter thermischer Belastung zeigt eine große Streuung, wie es in **Bild 8.17** links und mittig zu erkennen ist, da in den Prüflingen die Geometrie der Hohlräume durch thermische Belastung verändert werden kann.

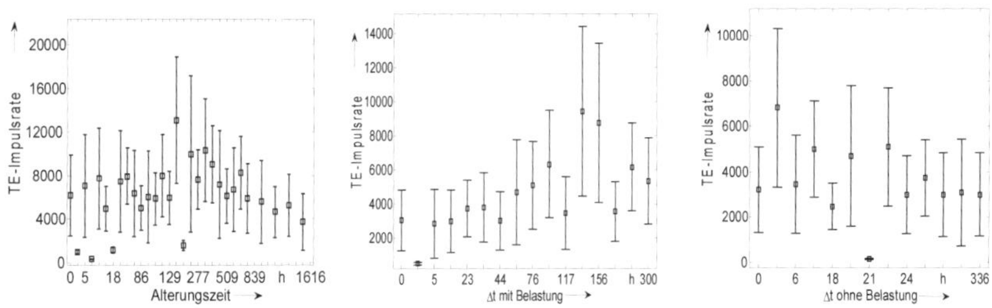

Bild 8.17: TE-Impulsrate für Prüflinge mit inhomogenem Feld bei thermischer Belastung

Der Verlauf der TE-Einsetzspannung für Prüflinge mit homogenem Feld unter thermischer Belastung zeigt eine zunehmende Tendenz für steigendes Δt mit Belastung und eine abnehmende Tendenz für steigendes Δt ohne Belastung. Insbesondere fallen dabei die Ähnlichkeiten zwischen dem inhomogenen Feld (siehe **Bild 8.15**) und dem homogenen Feld (siehe **Bild 8.18**) in Abhängigkeit von Δt mit

Belastung und Δt ohne Belastung auf. **Bild 8.18** stellt die TE-Einsetzspannung für Prüflinge mit homogenem Feld dar.

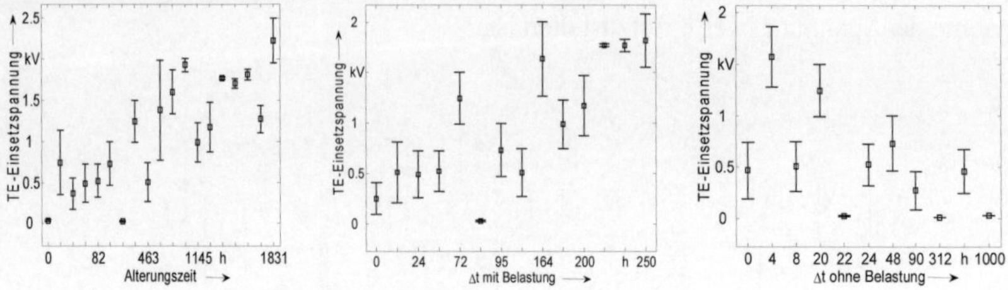

Bild 8.18: TE-Einsetzspannung für Prüflinge mit homogenem Feld bei thermischer Belastung

Bei der TE-Aussetzspannung zeigt sich auch eine zunehmende Tendenz für steigende Δt mit Belastung und eine abnehmende Tendenz für steigende Δt ohne Belastung auf, wie es in **Bild 8.19** zu erkennen ist.

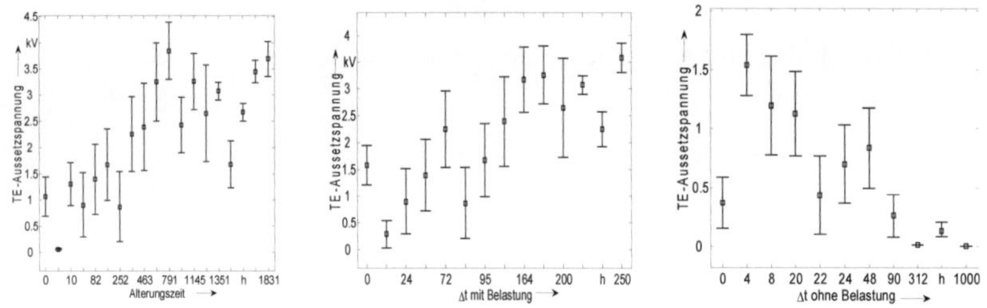

Bild 8.19: TE-Aussetzspannung für Prüflinge mit homogenem Feld bei thermischer Belastung

Die Streuung der Messwerte bezüglich der TE-Impulsrate ist für die Prüflinge mit homogenem Feld und für Prüflinge mit inhomogenem Feld (siehe **Bild 8.17**) sehr ähnlich, da die Feldverteilung nicht unmittelbar mit der Anzahl der Hohlräume in Verbindung steht. **Bild 8.20** zeigt die TE-Impulsrate für Prüflinge mit homogenem Feld.

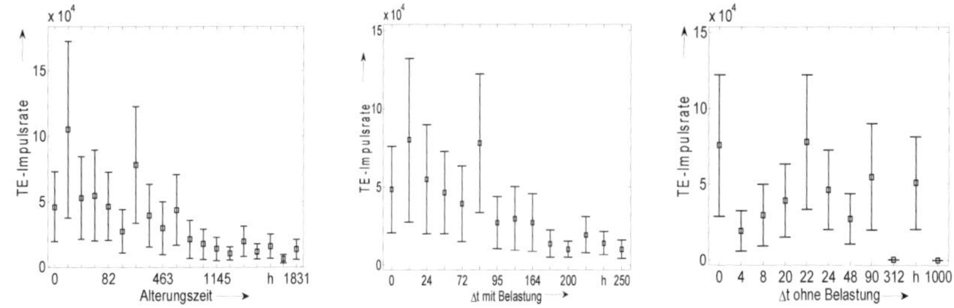

Bild 8.20: TE-Impulsrate für Prüflinge mit homogenem Feld bei thermischer Belastung

8.1.3 Elektrothermische Belastung

Die gleichzeitige Belastung der Prüflinge elektrisch und thermisch ist eine Überlagerung von zwei Alterungsursachen, wobei nicht eindeutig ist, ob eine Trennung der Auswirkungen nach den beiden Ursachen möglich ist. Für diese Untersuchungen wurde ein Kollektiv aus 20 Prüflingen benutzt.

Bild 8.21 zeigt die Entwicklung der TE-Einsetzspannung für die untersuchten Prüflinge mit inhomogenem Feld in Abhängigkeit der Alterungszeit.

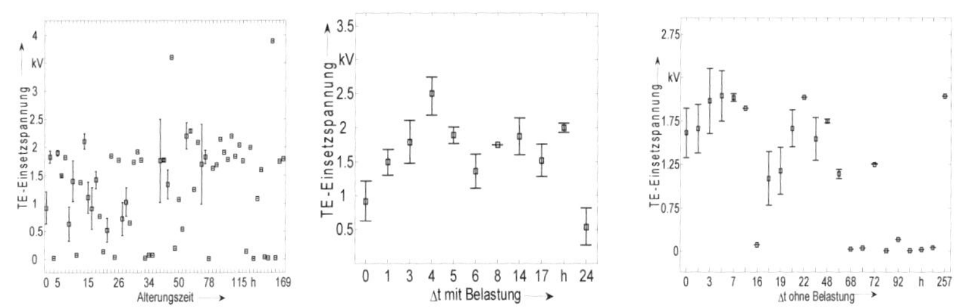

Bild 8.21: TE-Einsetzspannung für Prüflinge mit inhomogenem Feld bei elektrothermischer Belastung

Bild 8.21 lässt zunächst ein Anstieg der TE-Einsetzspannung mit der Belastungszeit vermuten, aber die weiteren Messungen bestätigen diese Vermutung nicht.

Die TE-Aussetzspannung stellt auch wie die TE-Einsetzspannung ein komplexes Verhalten dar, wie es in **Bild 8.22** zu erkennen ist.

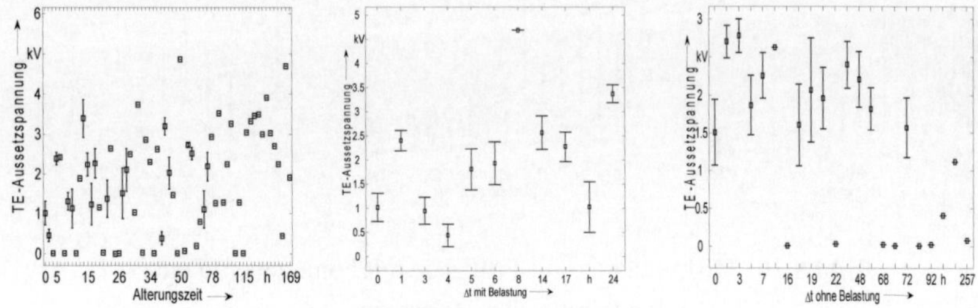

Bild 8.22: TE-Aussetzspannung für Prüflinge mit inhomogenem Feld bei elektrothermischer Belastung

Eine zunehmende Tendenz zeigt die TE-Impulsrate in Abhängigkeit des Δt mit Belastung, wie es in **Bild 8.23** Mitte dargestellt ist.

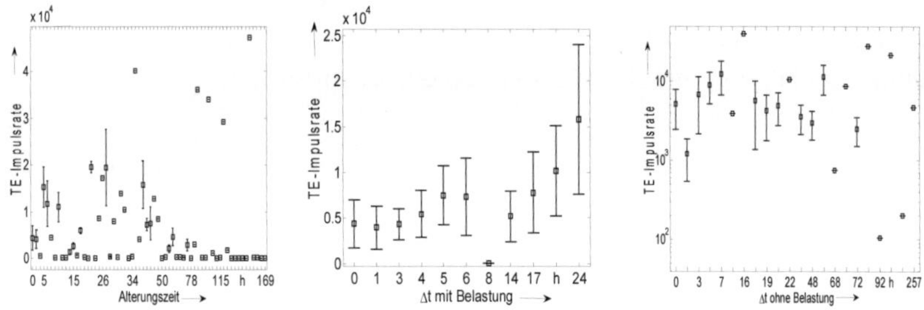

Bild 8.23: TE-Impulsrate für Prüflinge mit inhomogenem Feld bei elektrothermischer Belastung

Die TE-Impulsrate bei elektrothermischer Belastung zeigt eine Zunahme für Δt mit Belastung und eine Abnahme für Δt ohne Belastung, die auf eine dominierende Wirkung der thermischen Belastung hindeuten, da die TE-Impulsraten bei thermischer Belastung ähnlich verlaufen. Während die Verläufe bei reiner elektrischer Belastung eine entgegengesetzte Tendenz aufweisen. Die Verläufe der TE-Einsetzspannung und TE-Aussetzspannung zeigen ein ähnliches Verhalten in den drei Darstellungen auf.

Bei den Untersuchungen unter elektrothermischer Belastung wurden die Flächen zwischen den beiden Rogowski-Elektroden nach dem Durchschlag mit einem Mikroskop untersucht. Es konnten dabei Zersetzungsprodukte im Durchschlagkanal erkannt werden, die sich in den Durchschlagkanälen der Prüflinge unter rein elektrischer Alterungsbelastung nicht beobachten ließen. Die Durchschlagkanäle verlaufen zudem nicht mehr parallel zu der Elektrodenoberfläche im Vergleich zu den Prüflingen unter reiner elektrischer Belastung. (siehe **Bild 8.8**, **8.10** und **8.11**). Der Durchschlagkanal in den Prüflingen unter elektrothermischer Alterungsbelastung hat die Form eines Loches, wie es in **Bild 8.24** links dargestellt ist. **Bild 8.24** zeigt drei verschiedene Bereiche der Grenzfläche eines Prüflings nach elektrothermischer Alterungsbelastung, wobei diese Abschnitte den Durchschlagkanal, den Elektrodenbereich und den Isolierstoffbereich von links nach rechts abbilden.

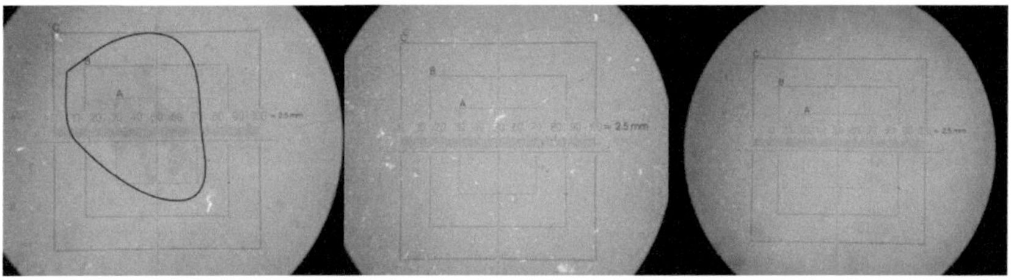

Bild 8.24: Mikroskopische Aufnahmen von verschiedenen Bereichen eines Prüflings nach einer elektrothermischen Belastung mit 40-facher Vergrößerung

Die vorhandenen Spuren des Elektrodenmaterials sind im mittleren Teil des **Bildes 8.24** der Isolierstoffgrenzfläche sehr deutlich zu erkennen. Im rechten Teil des Bildes sind diese Reste nicht mehr erkennbar, da die Aufnahme einen Ausschnitt außerhalb des Elektrodenbereiches zeigt. Der nicht klar erkennbare Anfangs- oder Endpunkt des Durchschlagkanals zeigt bei Vergrößerung des entsprechenden Bereiches eine weiße Substanz, die bei einer rein elektrischen Alterungsbelastung nicht vorhanden war. Dort konnten nur schwarze Zersetzungsprodukte aus Kohlenstoff identifiziert werden. Diese weiße Substanz wurde bei unterschiedlichen Prüfkörpern entdeckt, sodass ein zufälliges Auftreten dieser Materialreste ausgeschlossen wird und es somit als eine typische Eigenheit des Alterungsvorgangs bei elektrothermischer Alterung darstellt. Ein Beispiel für diese weiße Materialansammlung ist linken Teil von **Bild 8.25** zu sehen. Die scheinbar kristalline Struktur deutet auf einen salzartigen Stoff hin, aber eine chemische Analyse war infolge der geringen Mengen nicht möglich.

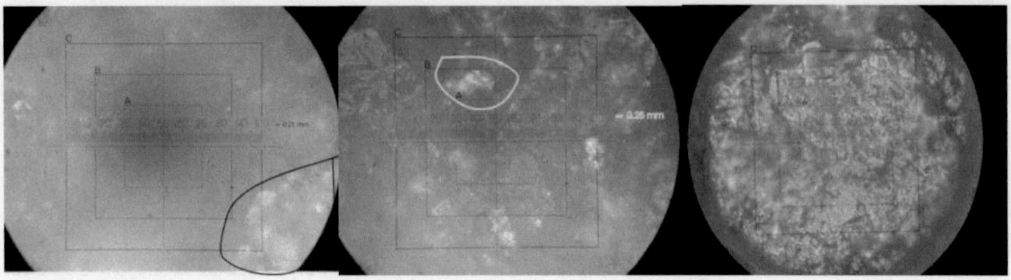

Bild 8.25: Mikroskopische Aufnahmen von verschiedenen Bereichen eines Prüflings nach einer elektrothermischen Belastung mit 400-facher Vergrößerung

Weitere Aufnahmen anderer Bereiche derselben Isolierstoffgrenzfläche zeigen die amorphe Vernetzung des Epoxidharzes in **Bild 8.25** rechte Seite. Der Unterschied zwischen **Bild 8.25** rechts und mittig liegt in den vorhandenen bzw. fehlenden Spuren von Messingrückständen der Elektroden. Die weiße Ablagerung im Durchschlagkanal ist hier in der mittleren Aufnahme zu erkennen, wobei die Materialansammlung nur im Anfangs- bzw. Endbereich des Durchschlagkanals zu erkennen ist. Diese Materialablagerung muss somit eine direkte Auswirkung beider gemeinsamer Belastungsarten sein. **Bild 8.26** zeigt mikroskopische Aufnahmen der Grenzfläche eines Prüflings nach einer elektrothermischen Alterungsbelastung. Bei diesen Aufnahmen sind die Materialablagerungen im Durchschlagbereich noch deutlicher zu erkennen. Der entsprechende Bereich ist im **Bild 8.26** links durch die schwarze Linie umrissen.

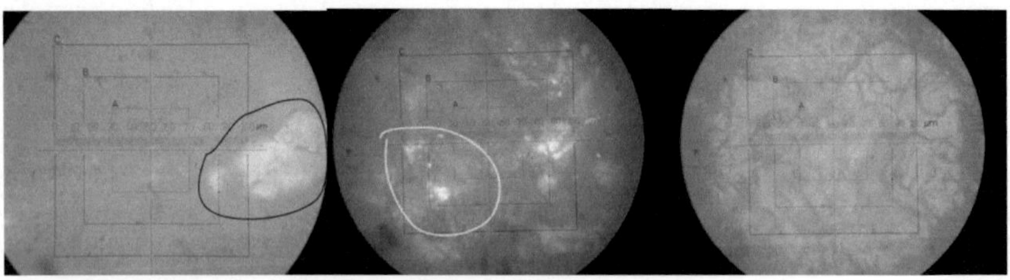

Bild 8.26: Mikroskopische Aufnahmen von verschiedenen Bereichen eines Prüflings nach einer elektrothermischen Belastung mit 1000-facher Vergrößerung

Die beiden weiteren Aufnahmen im **Bild 8.26** zeigen die verbliebenen Teilchen der Messing-Elektroden in der Grenzfläche des Epoxidharzes und die amorphe Vernetzungsstruktur des Epoxidharzes außerhalb des Elektrodenbereiches. Die amorphen Bereiche stellen besonders günstige Bedingungen für die Entstehung von

TE-Kanälen dar, die sich bevorzugt entlang dieser schwach vernetzten Bereiche des Isolierstoffes entwickeln.

Chemische Zersetzungsprodukte konnten allerdings erst nach dem vollständigen Durchschlag des Isolierstoffes beobachtet werden, sodass nicht ermittelt werden konnte, ob und zu welchem Zeitpunkt während der Alterung diese Zersetzungsprodukte entstehen. Die TE-Einsetzspannung für Prüflinge mit homogenem Feld nach einer elektrothermischen Alterungsbelastung ist in **Bild 8.27** dargestellt.

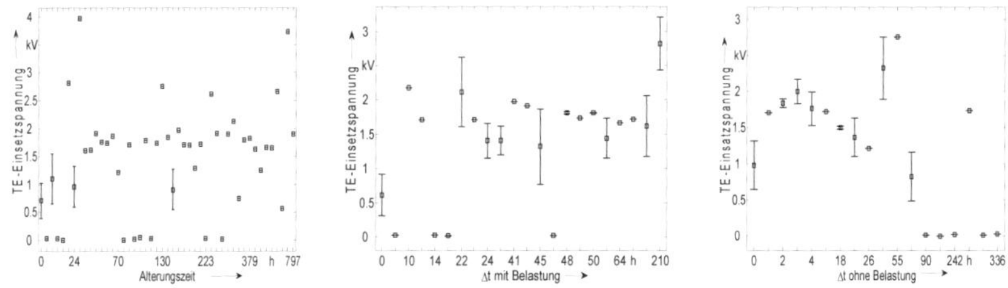

Bild 8.27: TE-Einsetzspannung für Prüflinge mit homogenem Feld bei elektrothermischer Belastung

Das Verhalten der TE-Einsetzspannung kann nach den Darstellungen von **Bild 8.27** in zwei unterschiedlichen Phasen bzw. Wirkungen im Isolierstoff eingeteilt werden. Diese Phasen treten, je nach den Zeiträumen mit oder ohne Belastung, zu unterschiedlichen Zeitpunkten auf. Die TE-Einsetzspannungswerte erhöhen sich mit zunehmender Belastungsdauer stufenartig, wie es im **Bild 8.27** mittig zu erkennen ist. Besonders markant sind die sehr niedrigen Spannungsmesswerte für kleine Zeitdauern sowie der letzte hohe Wert für ein langes Δt mit Belastung. Die stabilisierten Werte zwischen diesen beiden Zeiten deuten auf die Entstehung verschiedener neuer Durchschlagkanäle an unterschiedlichen Stellen zwischen beiden Elektroden hin. Die Änderungen in der elektrischen Leitfähigkeit der Hohlräumwände durch Materialablagerung mit anderer elektrischer Leitfähigkeit als Rußablagerungen zeigen die Ergebnisse in **Bild 8.27** mittig. Eine Bestätigung der Änderung in der elektrischen Leitfähigkeit ergibt sich anhand des TE-Einsetzspannungsverlaufs nach langen Pausenzeiten, der in **Bild 8.27** rechts dargestellt ist. Die niedrigen Messwerte treten hier erst nach längeren Zeiträumen ohne Belastung auf. Die TE-Aussetzspannung zeigt eine Zunahme und Abnahme der Werte, analog zu **Bild 8.28**, die auf Unterschiede in den Zündbedingungen und Löschbedingungen und auf deren Veränderung hinweisen.

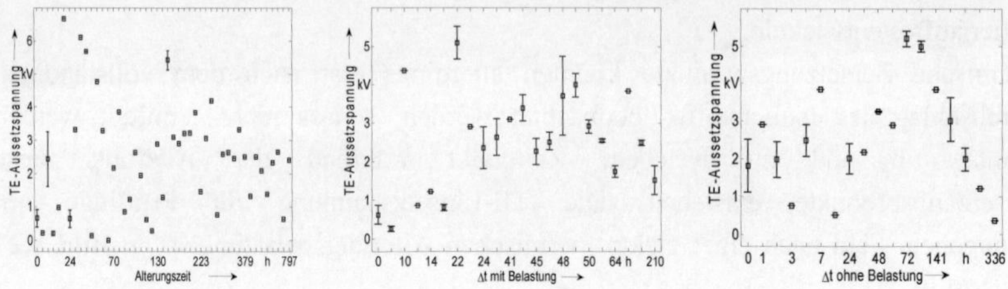

Bild 8.28: TE-Aussetzspannung für Prüflinge mit homogenem Feld bei elektrothermischer Belastung

Bei den Diagrammen der TE-Aussetzspannung treten die für die Darstellungen der TE-Einsetzspannung markanten Punkte nicht auf. In den Verlaufskurven sind keine eindeutigen Entwicklungen der Spannungsmesswerte für zunehmende Zeitwerte zu erkennen. Der Verlauf der TE-Aussetzspannung in Abhängigkeit von der Belastungszeit weist mehrere Wechsel auf, aus deren Lage allerdings nicht auf den Einsatz der Ablagerungsvorgänge geschlossen werden kann.

Die TE-Impulsrate ist ein weiteres Beispiel für ein solch uneinheitliches und nicht deutbares TE-Verhalten. Die Entwicklung der TE-Impulsrate in Abhängigkeit von Δt mit Belastung zeigt in **Bild 8.29** zwar eine klare abnehmende Tendenz an, was allerdings durch die Diagramme der TE-Impulsrate für Δt ohne Belastung nicht bestätigt wird, da die Streuung der Werte zu groß ist.

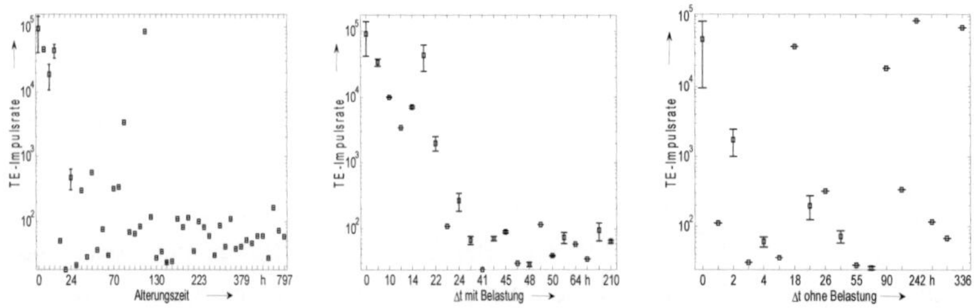

Bild 8.29: TE-Impulsrate für Prüflinge mit homogenem Feld bei elektrothermischen Belastung

Die quasi-exponentielle Abnahme der TE-Impulsrate mit steigender Belastungszeit kann jedoch als ein Indiz für Veränderungen im Isolierstoff gedeutet werden, indem kleine Hohlräume oder Schädigungen unwirksam werden oder sich zu größeren

Hohlräumen oder Schädigungen ausbilden. Ein uneinheitliches Verhalten der TE-Impulsrate in Abhängigkeit der Pausenzeit ist in **Bild 8.29** rechts zu beobachten. Die sehr starken Wechsel zwischen den Werten können nicht eindeutig als Folge der Materialveränderung gedeutet werden.

Die Vielzahl von Einflussfaktoren wie der Gasdruck in den Hohlräumen, Entstehung neuer Durchschlagkanäle, Änderungen in der Leitfähigkeit oder die zugeführte Energie durch die thermische Belastung können anhand der einfachen Parametern wie TE-Einsetzspannung TE-Aussetzspannung und TE-Impulsrate nicht unterschieden werden. Der gegenseitige Einfluss von diesen Faktoren lässt sich mit diesen TE-Kenngrößen nicht erklären.

8.2 Ergebnisse der Alterung mit 500 Hz

Eine Alterung bei 500 Hz mit den in **6.2.1** beschriebenen Prüflingen zeigt eine Ablösung von Teilen des Außenglimmschutzes (AGS) von den untersuchten Ständerstäben. Die schadhaften Stellen des AGS auf den gealterten Ständerstäben sind in **Bild 8.30** dargestellt. Diese Ablösungen erfolgten nur während der elektrischen und elektrothermischen Alterungen, aber nicht während der thermischen Alterung.

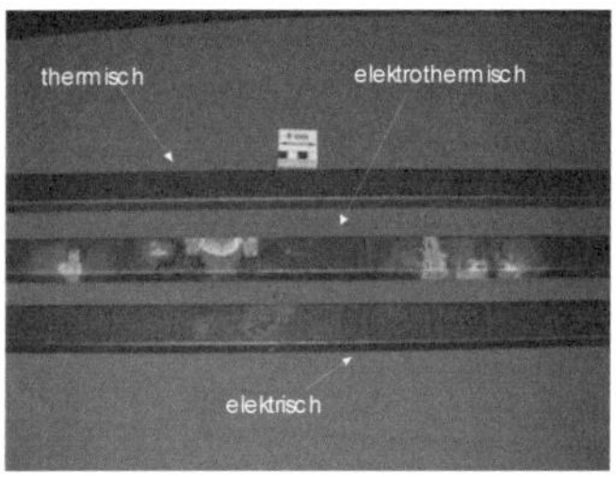

Bild 8.30: Ablösung von Teilen des AGS der mit 500 Hz gealterten Ständerstäbe

Eine Erklärung für die aufgetretenen Schädigungen ist die Bildung von Raumladungen, die auf dem AGS bei 500 Hz Belastung auftreten, während eine Belastung bei 50 Hz gemäß anderen Untersuchungen keinen Effekt auf den AGS hat, wobei die Höhe der TE in den Phasenwinkeln nahe von 90° bzw. 270° als direkt erkennbares Signal dieser Schädigungen angenommen werden, wie es in **Bild 8.31** dargestellt ist. Als TE-Messzeit wird die Zeit (z. B. 160 s in **Bild 7.12**) bezeichnet, während der TE-Signale aufgezeichnet werden. Als TE-Einsetzspannung wird die angelegte Spannung definiert, bei der eine gemessene scheinbare Ladung von mindestens 100 pC auftritt. Als TE-Aussetzspannung wird die angelegte Spannung definiert, bei der eine scheinbare Ladung von weniger als 100 pC auftritt. Als TE-Impulsrate wird die Anzahl der Impulse pro TE-Messzeit definiert, deren scheinbare Ladung über 100 pC liegt.

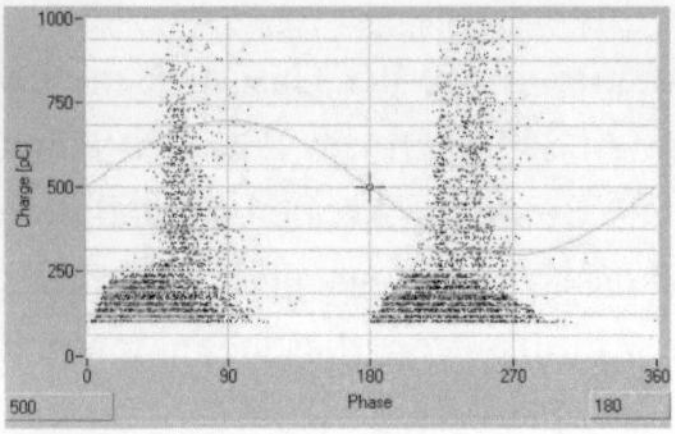

Bild 8.31: TE-Messung an einem elektrisch gealterten Ständerstab nach einer Alterungszeit von 385 Stunden unter 500 Hz

Oberflächenentladungen sind als Korona bekannt, die als charakteristisches Merkmal eine typisches Geräusch verursachen und dabei Ozon bilden. Sie traten während der Alterung auf, sodass in Versuchsstandnähe ein erhöhter Ozon- und Geräuschpegel festgestellt werden konnte. Als Gegenmaßnahme wurden die Ständerstäbe bei elektrischer und elektrothermischer Alterungsbelastung mit einem leitfähigen Graphitspray besprüht. Jedoch traten die Oberflächenentladungen wiederkehrend auf, sodass die Unterdrückung mit Hilfe von Graphitspray mehrfach erfolgen musste.

8.2.1 Elektrische Belastung

Die AGS-Schädigungen sind eindeutig eine direkte Folge der Belastung mit höherfrequenter Wechselspannung. **Bild 8.32** zeigt zwei elektrisch gealterte Ständerstäbe für eine Alterung bei $f = 50$ Hz und $f = 500$ Hz.

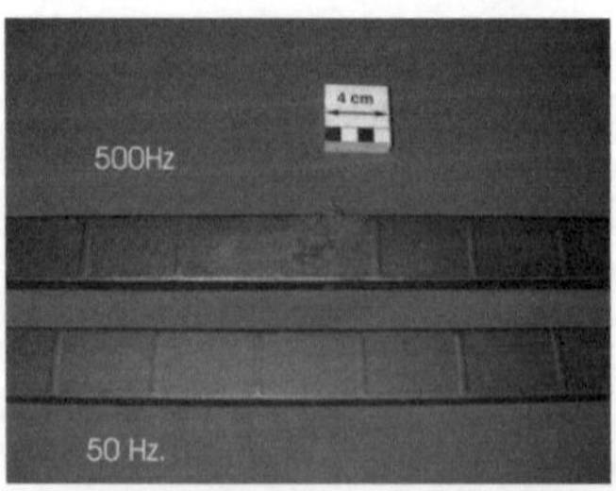

Bild 8.32: Mit unterschiedlicher Frequenz elektrisch gealterte Ständerstäbe

Die Oberflächenentladungen verursachen eine Ionisation im und auf dem AGS, sodass die Oberfläche des mit $f = 500$ Hz gealterten Ständerstabes im Vergleich mit dem mit $f = 50$ Hz gealterten Ständerstab eine Reihe von Schädigungen auf dem AGS aufweist, die bei längeren Alterungszeiten an mehreren Stellen auftreten.

Bild 8.33 zeigt, dass auch am Ende der Alterungszeit keine besondere Tendenz in der TE-Einsetzspannung zu erkennen ist. Ein extreme langes Δt ohne Belastung (**Bild 8.35**) verursacht jedoch klaren Wechseln zwischen den gemessenen Werten vor der Mitte des Verlaufs. Dieser Wechsel ist auch eindeutig bei den weiteren TE-Kenngrößen wie TE-Aussetzspannung und TE-Impulsrate erkennbar. Die Darstellung der TE-Einsetzspannung mit Δt ohne Belastung zeigt als letzten Eintrag den Wert nach einem extrem langem Δt ohne Belastung.

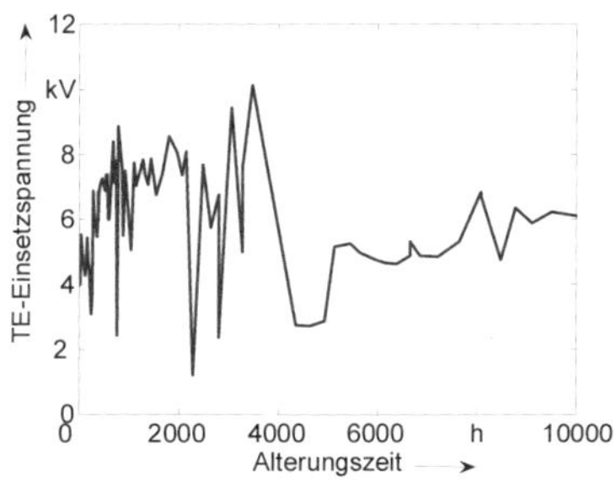

Bild 8.33: TE-Einsetzspannung in Abhängigkeit der Alterungszeit eines Ständerstabes unter elektrischer Belastung mit 500 Hz

Die Ergebnisse aus **Bild 8.33** sind wieder in die Darstellungen der TE-Einsetzspannung in Abhängigkeit von Δt mit Belastung und Δt ohne Belastung aufgeteilt.

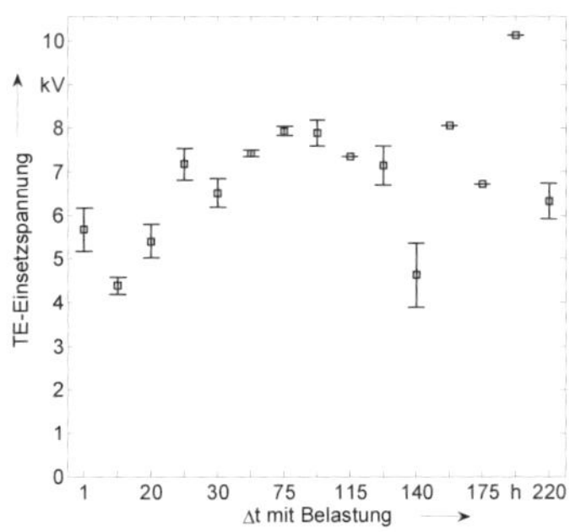

Bild 8.34: TE-Einsetzspannung in Abhängigkeit der Belastungszeit eines Ständerstabes bei elektrischer Belastung mit 500 Hz

Bild 8.34 stellt die TE-Einsetzspannung in Abhängigkeit von Δt mit Belastung dar. Die TE-Einsetzspannung zeigt nach großem Δt ohne Belastung im Vergleich zu der TE-Einsetzspannung von Prüflingen mit homogenem und inhomogenem Feld einen hohen Wert, wobei eine steigende Tendenz am Anfang zu erkennen ist. Später ist dieser Tendenz nicht mehr vorhanden.

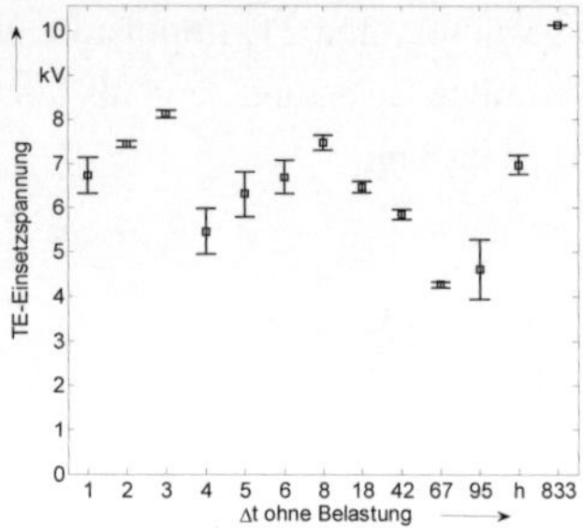

Bild 8.35: TE-Einsetzspannung in Abhängigkeit der Pausenzeit eines Ständerstabes bei elektrischer Belastung mit 500 Hz

Die dargestellten Verläufe aus den **Bildern 8.34** und **8.35** weisen keine eindeutige Tendenz auf. Es ist jedoch zu beobachten, dass die TE-Einsetzspannung regelmäßig zu- und wieder abnimmt. Erkenntnisse können daher aus diesen Messergebnissen allein nicht gewonnen werden. **Bild 8.36** stellt die TE-Aussetzspannung dar.

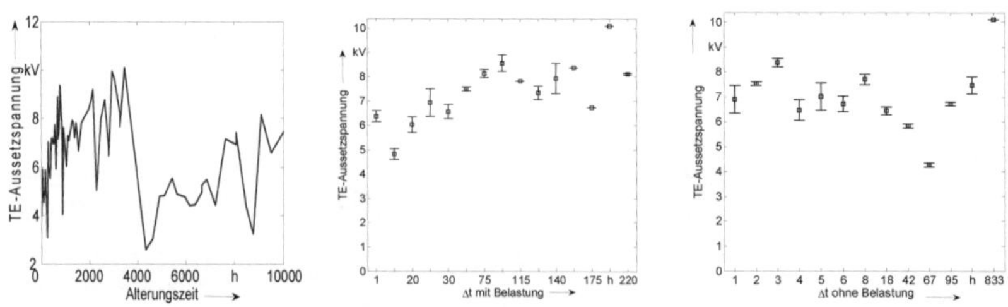

Bild 8.36: TE-Aussetzspannung eines Ständerstabes bei elektrischer Belastung mit 500 Hz

Der deutliche Wechsel nach einem extrem langen Δt ohne Belastung tritt in der Mitte der Alterungszeit für die TE-Aussetzspannung auf, wie es auch in der Darstellung der

TE-Einsetzspannung beobachtet wurde (**Bild 8.33**). Änderungen in den Hohlräumen durch eine elektrische Belastung verursachen eine Zunahme der TE-Aussetzspannung mit zunehmendem Δt mit Belastung. Zugeordnet den deutliche Abnahme der TE-Aussetzspannung im mittleren Bereich den Alterungszeit (**Bild 8.36** links) sind Werte mit niedrigem Δt mit Belastung und extrem langes Δt ohne Belastung.

In **Bild 8.37** ist die TE-Impulsrate dargestellt, wobei eine deutliche Abnahme des Wertes nach einem langen Δt ohne Belastung zu erkennen ist, was durch eine Änderung in den Hohlräumen zu erklären ist.

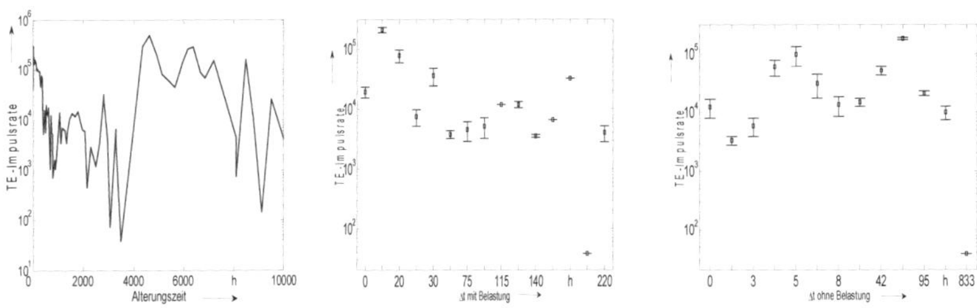

Bild 8.37: TE-Impulsrate eines Ständerstabes bei elektrischer Belastung mit 500 Hz

8.2.2 Thermische Belastung

Die TE-Einsetzspannung eines thermisch gealterten Ständerstabes ist in **Bild 8.38** dargestellt. Bei der thermischen Alterung eines Ständerstabes ist eine deutliche Verringerung der TE-Einsetzspannung im Vergleich zur elektrischen Alterung zu erkennen.

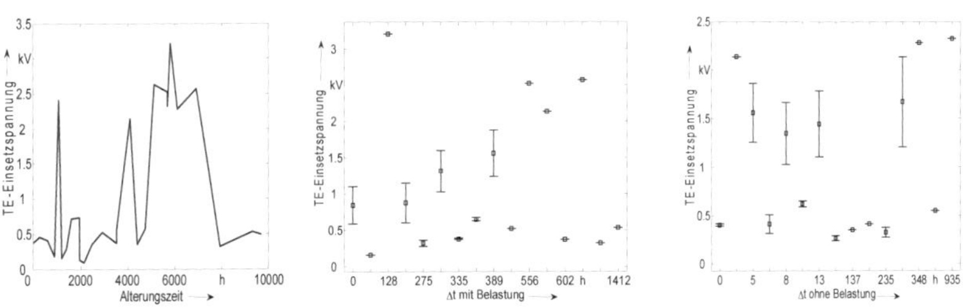

Bild 8.38: TE-Einsetzspannung eines Ständerstabes bei thermischer Belastung

Zu Beginn der Alterung zeigt die TE-Einsetzspannung eine erhebliche Zunahme, die durch eine extrem kurzes Δt ohne Belastung verursacht wird. Später folgen

Kombinationen von kurzem Δt ohne Belastung mit langem Δt mit Belastung die ebenfalls mit hohen Werten der TE-Einsetzspannung verknüpft sind. Die Auswertung der anderen TE-Kenngrößen zeigt ähnliche komplexe Trends, indem die TE-Aussetzspannung für Δt mit Belastung zunimmt, während sie für Δt ohne Belastung stark schwankt. Die entsprechenden Kurvenverläufe sind in **Bild 8.39** gezeigt.

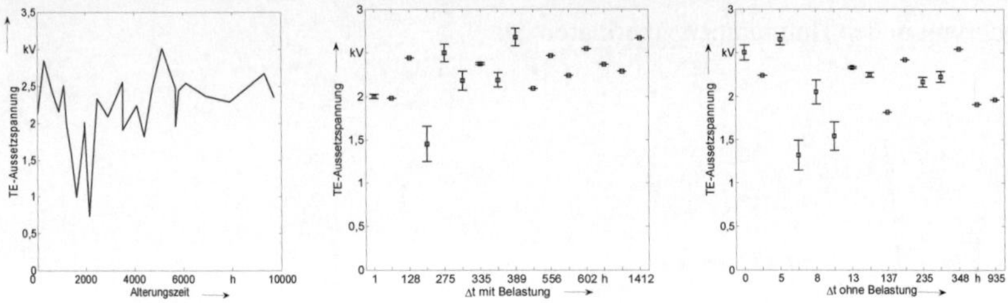

Bild 8.39: TE-Aussetzspannung eines Ständerstabes bei thermischer Belastung

Das Verhalten der TE-Impulsrate für einen Ständerstab bei thermischer Belastung ist in **Bild 8.40** dargestellt, wobei die TE-Impulsrate mit zunehmender Belastungsdauer geringer wird.

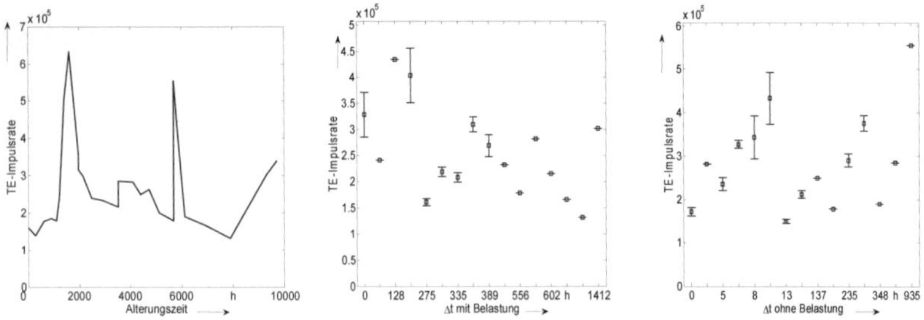

Bild 8.40: TE-Impulsrate eines Ständerstabes bei thermischer Belastung

Die generelle Abnahme der TE-Impulsrate für Δt mit Belastung erfolgt nach mehreren Wechseln zwischen hoher und niedriger TE-Impulsrate. Allerdings lassen die komplexen Vorgänge keinen deutlichen Trend anhand der Messergebnissen erkennen, insbesondere bei der TE-Impulsrate für Δt ohne Belastung. In einzelnen Fällen sind die extrem hohen Werte der TE-Impulsrate für die Alterungszeit mit extrem langen Δt ohne Belastung und kurzem Δt mit Belastung verknüpft.

8.2.3 Elektrothermische Belastung

Die elektrothermische Alterung ist eine Überlagerung von zwei Effekten, die eine Verstärkung oder eine Abschwächung der einzelnen getrennten Effekten verursachen und als eine Nachbildung der realen Belastung im Betrieb betrachtet werden kann. Untersuchungen einzelner Effekte sollen zur Trennung der Ursachen dienen. Dieses ist aber schwierig, da keine Zuordnung der Auswirkungen auf die jeweilige elektrische oder thermische Belastung möglich ist. **Bild 8.41** zeigt den Verlauf der TE-Einsetzspannung mit zunehmender Alterungszeit, wobei schon nach wenigen Belastungsstunden eine Abnahme zu erkennen ist. Eine getrennte Betrachtung dieser TE-Kenngröße nach Δt mit Belastung und Δt ohne Belastung ergibt auch für beide Parameter eine Abnahme der TE-Einsetzspannung.

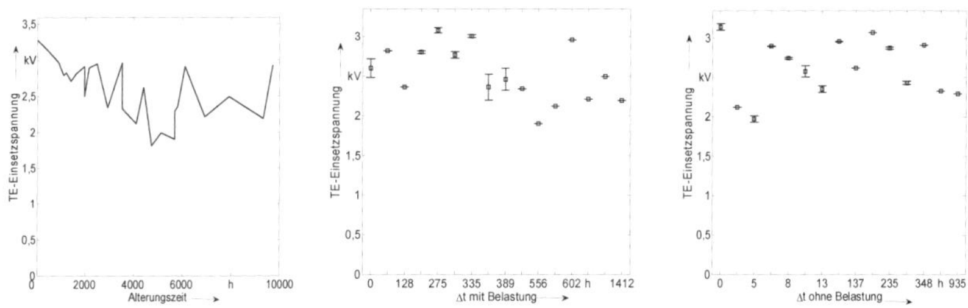

Bild 8.41: TE-Einsetzspannung eines Ständerstabes bei elektrothermischer Belastung mit 500 Hz

Die TE-Aussetzspannung bei elektrothermischer Belastung **Bild 8.42** zeigt einen ähnlichen Verlauf wie die TE-Einsetzspannung.

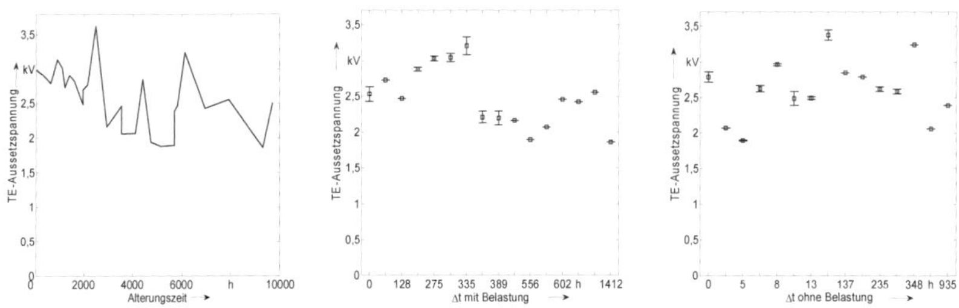

Bild 8.42: TE-Aussetzspannung eines Ständerstabes bei elektrothermischer Belastung mit 500 Hz

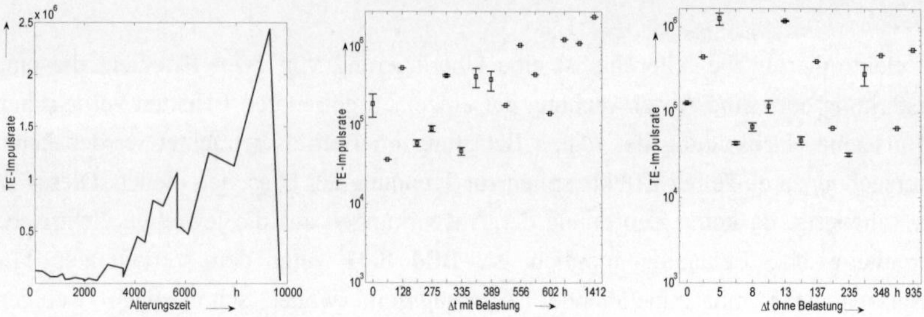

Bild 8.43: TE-Impulsrate eines Ständerstabes bei elektrothermischer Belastung mit 500 Hz

Im **Bild 8.43** ist ein deutliches Anwachsen der TE-Impulsrate mit zunehmender Alterungszeit zu erkennen. Darüber hinaus ist auch eine starke Änderung kurz vor Erreichen der Ende der Alterungszeit zu erkennen, indem die TE-Impulsrate von einige Millionen Impulsen auf ein paar Zehntausend Impulse abfällt. Diese Besonderheit ist in der Darstellung der TE-Impulsrate in Abhängigkeit von der Δt mit Belastung nicht zu erkennen, da der zeitliche Verlauf in die TE-Impulsrate für Alterungszeit aufgetragen ist. Stattdessen ist die Zuordnung der Diagramme für Δt mit Belastung und Δt ohne Belastung in Mitte und rechte Seite des **Bildes 8.43** ohne Vorgeschichte aufgetragen.

9 Ergebnisse zur äußeren Festigkeit

Die Ergebnisse aus den Untersuchungen zur äußeren Festigkeit werden in diesem Kapitel dargestellt. Die verwendeten Prüflinge haben hier eine andere geometrische Gestaltung als die Prüflinge zur inneren Festigkeit (siehe **6.2.2**), jedoch ist der Isolierstoff für beide Prüflingsarten ähnlich, da auch hier Epoxidharz benutzt wurde.

9.1 Einfluss der Oberflächenbeschaffenheit

Für die Versuche wurden die Prüflinge aus Epoxidharz mit unterschiedlichen Füllstoffen hergestellt. Die verwendeten Füllstoffe werden in den folgenden Darstellungen mit *H*, *K* und *M* bezeichnet. Die baumförmige Entladungskanalstruktur auf der Isolierstoffoberfläche in **Bild 9.1** ist charakteristisch für Prüflinge mit dem Füllstoff *M*.

Die Spuren auf der Oberfläche bilden eine buschförmige Schädigungsform durch Erosion.

Bild 9.2 zeigt die Spuren auf der Oberfläche von Prüflingen mit dem Füllstoff Typ *K*, wobei hier Bereiche mit Verkohlung entstanden sind.

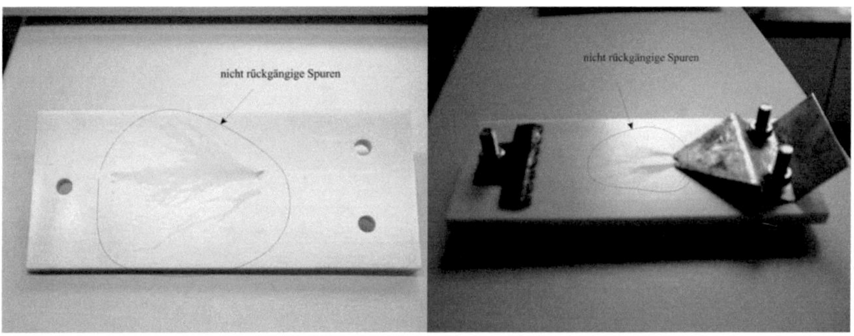

Bild 9.1: Entladungskanäle auf der Prüflingsoberfläche (Füllstoff Typ *M*)

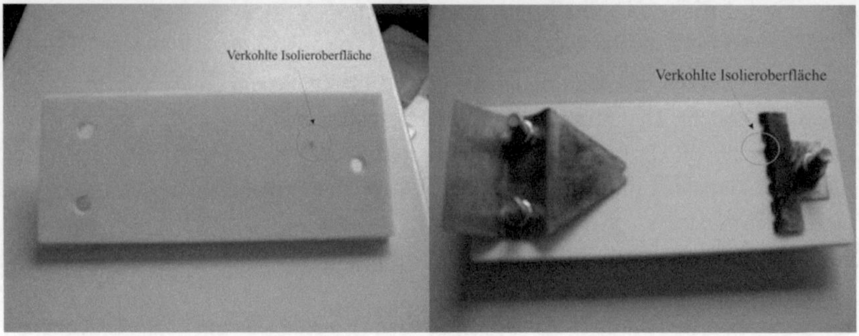

Bild 9.2: Entladungskanäle auf der Prüflingsoberfläche (Füllstoff Typ *K*)

Die verkohlten Bereiche wachsen mit einer zunehmenden Anzahl der Überschläge direkt zur Gegenelektrode vor, wie es in **Bild 9.3** zu sehen ist. Die Symmetrie der Elektroden verursacht verkohlten Bereichen vor beiden Elektroden.

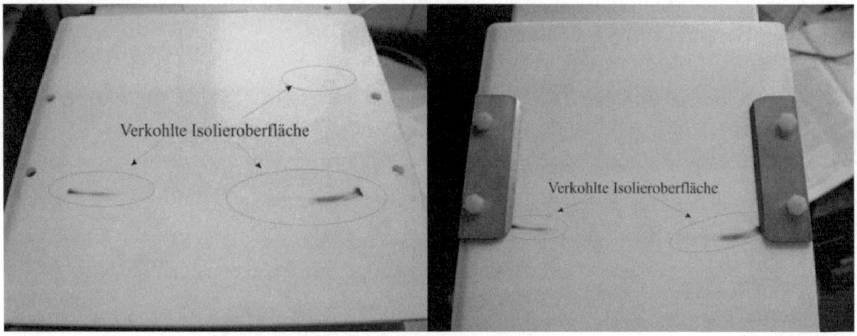

Bild 9.3: Entladungskanäle auf der Prüflingsoberfläche mit dem Füllstoff Typ *K*

Die wesentlichen Unterschiede der Schädigung für beide untersuchten Füllstoffe liegen in der Verteilung der Überschlagspuren auf der Isolierstoffoberfläche, was durch optische Untersuchung bestätigt wurde. Die entsprechenden Spuren sind in den **Bildern 9.1**, **9.2** und **9.3** dargestellt. Eine Erklärung für diese Beobachtung ist der Unterschied in den Oberflächenprofilen, verursacht durch die unterschiedlichen Füllstoffe. Makroskopisch betrachtet lassen die Prüflingsoberflächen beider Füllstoffe keinen Unterschied erkennen. Die mikroskopische Betrachtung zeigt jedoch Strukturabweichungen, da durch die Geometrie der Körnungsstruktur des unterschiedlichen Füllstoffs die Prüflingsoberfläche beeinflusst wird. Die Spuren auf den Prüflingsoberflächen konnten erst nach mehreren Überschlägen eines Prüflings

beobachtet werden, indem die nachfolgenden Überschlagspannungen plötzlich eine erhebliche Verminderung aufwiesen. Dieses Verhalten konnte bei allen weiteren Prüflingen nach mehreren Überschlägen beobachtet werden.
Bei Prüflingen mit großem Kriechweg konnten dieselbe Art der Entladungsspuren wie Verkohlung oder baumförmige Spuren beobachtet werden. Die Verbrennungen anstelle erosionsartiger Entladungsspuren auf den Kriechwegen deuten auf eine erheblich höhere Temperatureinwirkung an den Grenzflächen zwischen dem Epoxidharz und dem entsprechenden Füllstoff hin. Dieses ist auf eine veränderte Wärmeleitfähigkeit zurückzuführen, bedingt durch die unterschiedliche Körnung beziehungsweise Korngeometrie des Füllstoffes, wie es auch bei anderen Stoffen, z.B. beim Erdboden [Krischer-1], makroskopisch zu beobachten ist. Eine Änderung der Wärmeleitfähigkeit wurde auch für Epoxidharze mit unterschiedlichen Füllstoffen [Kotte-1] nachgewiesen. Die Unterschiede in der Geometrie und Material beider Füllstoffe sind die Ursache für die Verkohlung oder Auftreten der baumförmigen Spuren. Durch gezielte Maßnahmen wie Silanisierung oder Korngrößenänderung kann die Wärmeleitfähigkeit verändert werden.
Eine Verminderung der elektrischen Leitfähigkeit oder eine Inhomogenität in der Verteilung der elektrischen Feldstärke könnten ebenfalls eine erhöhte Ionisationswirkung beziehungsweise eine niedrige Überschlagspannung verursachen, sodass die Entwicklung einer Schädigung auf der Prüflingsoberfläche indirekt überwacht werden könnte, da die Überschlagspannung den Isolierzustand widerspiegelt. Die Untersuchung des Verlaufs der Überschlagspannung nach konsekutiven Überschlägen am selben Prüfling kann somit als ein Verfahren zur Bestimmung der äußere Festigkeit für Material Qualifikation in Typ-Prüfungen angesehen werden.

Die Struktur der Prüflingsoberfläche hat ebenfalls eine Auswirkung auf die äußere Festigkeit. Daher wurde die Oberfläche einiger Prüflinge durch eine Bearbeitung mit Schleifpapier aufgeraut. Prüflinge mit rauer und glatter Oberfläche wurden mit Überschlägen belastet, um deren Auswirkungen zu untersuchen.
Nach acht konsekutiven Überschlägen wurden die Prüflinge für eine bestimmte Zeit gelagert. Nach der Lagerungsphase wurde ein weiterer Überschlag erzeugt, der in **Bild 9.4** mit *9** bezeichnet ist. Anschließend wurden die Prüflinge nach einer Oberflächenreinigung erneut bis zum Überschlag belastet. Die entsprechenden Messpunkte sind in **Bild 9.4** mit *10*** bezeichnet.

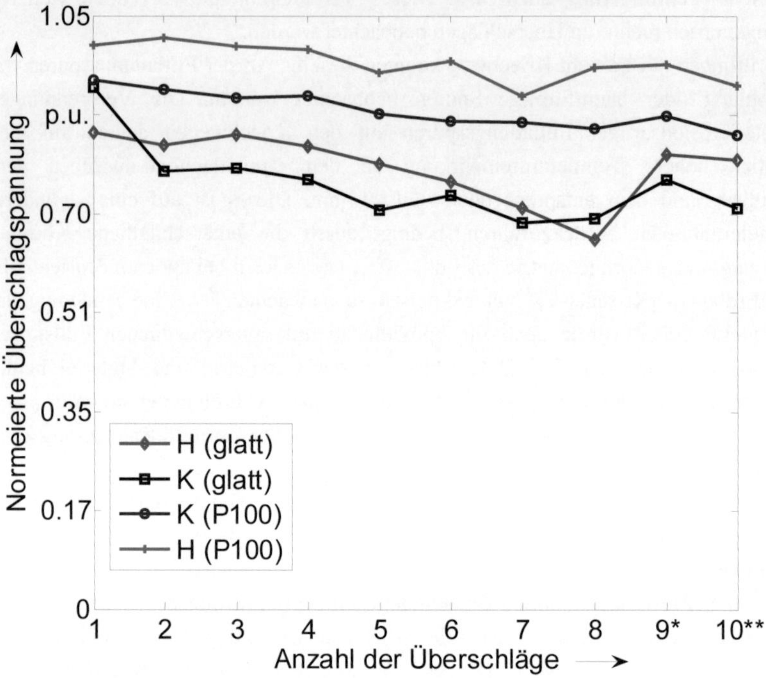

Bild 9.4: Überschlagspannung von behandelten und unbehandelten Prüflingen in Abhängigkeit der Anzahl der Überschläge

Eine grundsätzliche Tendenz ist gültig für alle Prüflinge: Die Reduktion der Überschlagspannung mit zunehmender Anzahl von Überschlägen. Die Zunahme der Überschlagspannung für alle Prüflinge im Versuch 9* im Vergleich zum vorherigen Wert bedeutet eine Zunahme der äußeren Festigkeit des Prüflings nach der Lagerungsphase. Eine Erklärung dafür ist der Abbau der Ladungen durch die Lagerung.

Die mit *10*** bezeichneten Messpunkte bestätigen, dass sich die äußere Festigkeit des Isoliersystems durch Raumladung beeinflussen lässt, da die Überschlagspannung aufgrund von Entstehung und Abbau von Oberflächenladungen Veränderungen unterworfen ist. Die Analyse der Messergebnisse unter Berücksichtigung dieses Effektes ermöglicht eine Erklärung für die Veränderungen der Messwerte zwischen den Versuchen *9** und *10***. Nach der Reinigung der Proben wurde erneut eine Überschlagspannungsmessung durchgeführt, und die ermittelte Überschlagspannung

ergab geringere Werte, da die Oberflächenentladungen durch die Reinigung beseitigt wurden und ähnliche Bedingungen wie auf die Überschläge 1 und 2 aufgetreten sind.
Ein Vergleich des Überschlagverhaltens von mit Schleifpapier behandelten und unbehandelten Prüflingen nach mehreren Überschlägen an demselben Prüfling ist in **Bild 9.4** dargestellt, wobei zu erkennen ist, dass die Prüflinge mit einer größeren Oberflächenrauigkeit auch höhere Überschlagspannungen erreichen. Die Bezeichnung *P100* entspricht dabei dem Typ des verwendeten Schleifpapiers, mit dem die Prüflinge für diese Versuche behandelt wurden (siehe **7.2.2**).
Bild 9.5 zeigt die Ergebnisse aus den Messungen der Überschlagspannung für verschiedene Polaritäten und Rauigkeiten.

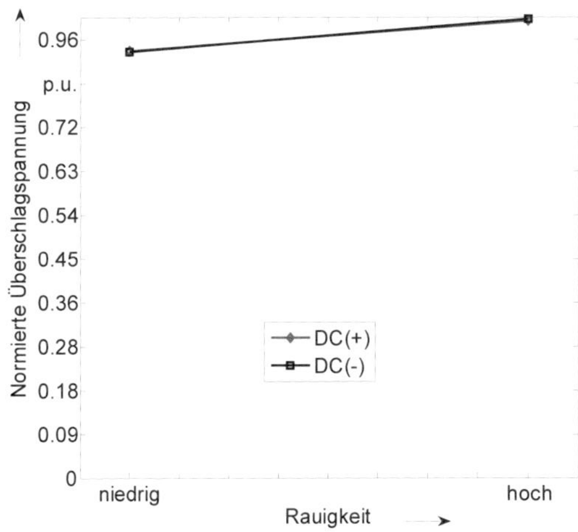

Bild 9.5: Überschlagspannung in Abhängigkeit der Polarität und Oberflächenrauigkeit

Prüflinge mit langen Kriechweg und symmetrischer Elektrodenanordnung mit zwei unterschiedlichen Oberflächen-Rauigkeitswerten wurden durch eine Sandbestrahlung hergestellt. Dieser Art der Oberflächenbehandlung erzeugte eine gleichmäßige Rauigkeitsverteilung auf der ganzen Prüflingsoberfläche, sodass Einflüsse durch Unregelmäßigkeiten damit ausgeschlossen werden konnten. Als einzige Einflussparameter auf die äußere Festigkeit der Prüflinge bleiben noch die Oberflächenrauigkeit und die Polarität der Ladespannung.
Die geringe Änderung der Überschlagspannungswerte bei positiver oder negativer Polarität und einer Erhöhung der Oberflächenrauigkeit lässt erkennen, dass ein Wechsel der Polarität kaum Auswirkungen auf die Höhe der Überschlagspannungswerte hat und somit praktisch vernachlässigt werden kann. Die

Ionisationsprozesse werden nur durch größere Änderungen der Oberflächenstruktur beeinflusst.

Die Ergebnisse einer Behandlung der Oberfläche mit unterschiedlichen Schleifpapieren sind in **Bild 9.6** für zwei Füllstoffe *H* und *K* mit ihren verschiedenen Oberflächenrauigkeiten dargestellt.

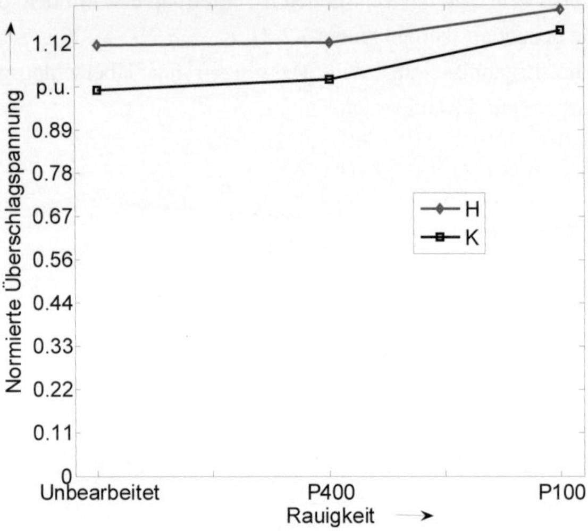

Bild 9.6: Überschlagspannung in Abhängigkeit des Füllstoffmaterials und der Oberflächenrauigkeit

Die Durchschlagspannung wird durch das Füllmaterial stärker beeinflusst als durch die Oberflächenrauigkeit. Die Differenz zwischen den Überschlagspannungen beide Materialen ist nur sehr gering und abhängig von der Rauigkeit, da eine Annährung der Überschlagspannung mit zunehmender Rauigkeit in beide Materialen beobachtet wurde.

Die Überschlagspannung des unbearbeiteten Materials K wurde als Referenz festgelegt. Das Material H ist während des ganzen Verlaufs besser als Material K. Die Zunahme der Überschlagspannung mit zunehmender Oberflächenrauigkeit ist erkennbar.

Bild 9.7 zeigt eine höhere Überschlagspannung für kreisförmige Rauigkeit als für parallele oder senkrechte Richtungen, allerdings nur bis zu einer Behandlung der Oberfläche mit Schmiergel Papier P100.

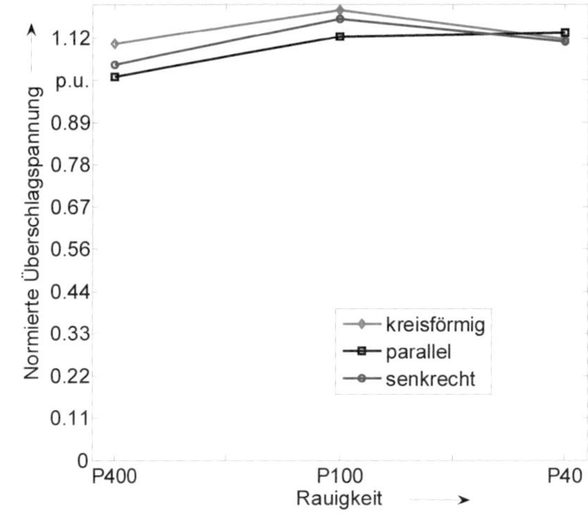

Bild 9.7: Überschlagspannung in Abhängigkeit der Orientierung und Oberflächenrautiefe

Eine weitere Vergrößerung (gegenüber **Bild 9.6**) der Schleifpapierkörnungsgröße sollte sich in derselben Richtung auswirken. In weiteren Versuchen wurde daher die Überschlagspannung für mit gröberer Schleifpapierkörnung behandelte Prüflinge ermittelt. Die Ergebnisse aus diesen Versuchen zeigen jedoch in Vergleich zu den vorherigen Ergebnissen ein nicht erwartetes anderes Verhalten, indem die erwartete Zunahme der Überschlagspannung nach der Behandlung der Prüflinge mit gröberem Schleifpapier nicht eintrat. Stattdessen traten nur schwache Erhöhungen gefolgt von einer Abnahme für alle Prüflinge auf, je nach Orientierung der Oberflächenrauigkeiten auf der Prüfkörperoberfläche. Die Zunahme der Überschlagspannung ist keine Funktion der zunehmende Rauigkeit, da die Grenze des Rauigkeitseinflusses zwischen P100 und P40 liegt.

9.2 Einfluss der Luftströmung

Eine Luftströmung beeinflusst die äußere Festigkeit, wie es in **Bild 9.8** dargestellt ist.

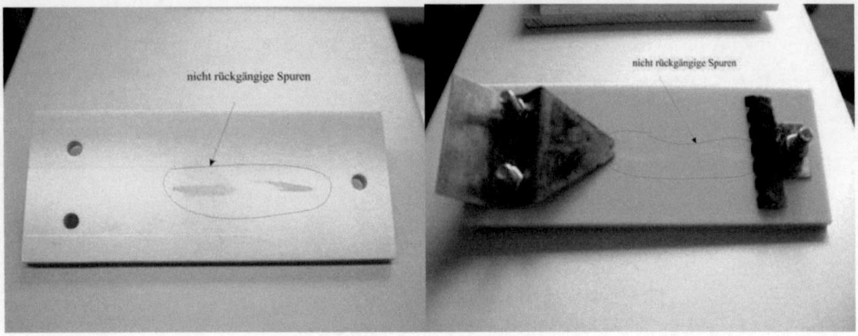

Bild 9.8: Entladungskanäle auf der Prüflingsoberfläche nach einer Entladung unter Luftströmung

Die Art und das Ausmaß der Oberflächenschädigung wurden durch einfache optische Untersuchungen der Prüflingsoberfläche bestimmt. Generell unterscheiden sich die Entladungsspuren auf den Prüflingsoberflächen nach einer Entladung unter Luftströmung erheblich von den Spuren auf Prüflingsoberflächen ohne Luftströmung.
Die unterbrochenen gradlinigen Entladungsspuren zeigen, dass die Luftströmung stark genug war, um Ladungsträger von der Prüflingsoberfläche zu entfernen oder die Bildung von Ladungsträgern zu verhindern.
Die Überschlagspannung wird dann durch die Luftströmung erhöht, wie es in **Bild 9.9** dargestellt ist.

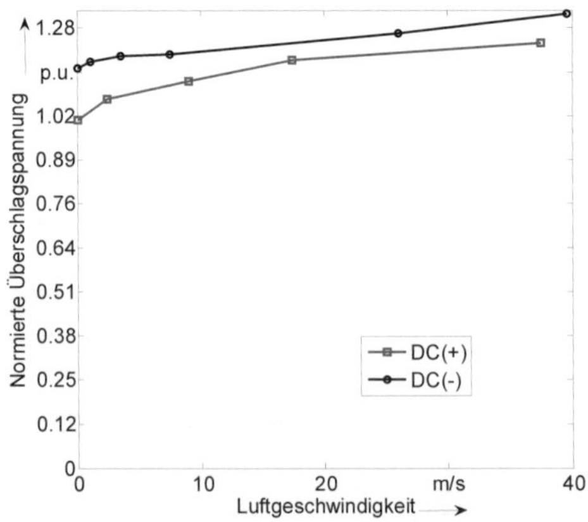

Bild 9.9: Überschlagspannung der Prüflinge mit dem Füllstoff Typ *M* unter Luftströmung bei unterschiedlicher Polarität der Spannung

Die Überschlagspannungen zeigen bei variierenden Luftströmungsgeschwindigkeiten klare Differenzen auf, da die Luftströmung einem Unterschied zwischen den Polaritäten der Überschlagspannungen bewirkt. **Bild 9.9** zeigt eine Zunahme der Überschlagspannungen für beide Polaritäten bei einer Erhöhung der Luftgeschwindigkeit. Die Zunahme der Überschlagspannung mit steigender Luftgeschwindigkeit nach **Bild 9.9** ist nicht linear. Bei niedrigen Luftströmungsgeschwindigkeiten ist eine größere Zunahme der Überschlagspannung zu erkennen als bei höheren Geschwindigkeiten.

Prüflinge mit Füllstoff Typ K wurden ebenfalls unter Luftströmung bis zum Überschlag beansprucht. Die Ergebnisse dieser Untersuchungen sind in **Bild 9.10** dargestellt.

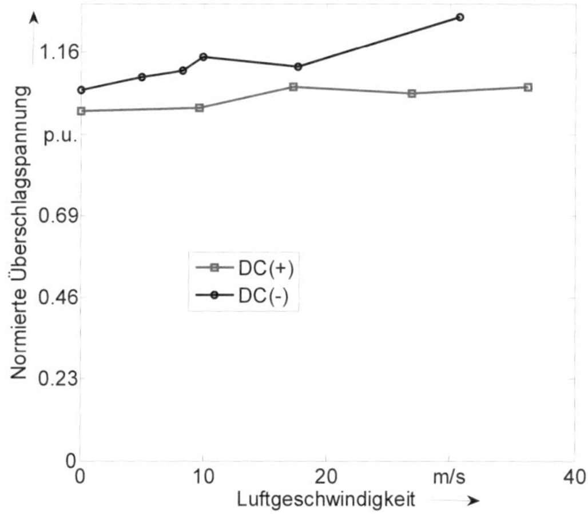

Bild 9.10: Überschlagspannung der Prüflinge mit Füllstoff Typ *K* unter Luftströmung bei unterschiedlicher Polarität der Spannung

Das Verhalten der Überschlagspannung von Prüflingen mit einem Füllstoff des Typs *K* entspricht mit einer zunächst schwächeren Steigung bei kleinen Luftstromgeschwindigkeiten nicht den Verläufen für den Füllstoff *M*.

Zur Erklärung der Ursachen der Durchschlagsentwicklung in Abhängigkeit der Luftgeschwindigkeit ist auch der Übergang zwischen laminarer und turbulenter Strömung zu beachten, der sowohl von der Geschwindigkeit als auch von der Viskosität des strömenden Mediums abhängig ist [Houghton-1]. Es können auch noch weitere Faktoren wie Temperatur und Feuchtigkeit der Luft für einen Übergang der Strömungsart verantwortlich sein. Beim Auftreten von turbulenten Luftströmungen im

Bereich der Entladungsstrecke kann sich die Bewegungsrichtung und die Geschwindigkeit der Luft unmittelbar über der Prüfkörperoberfläche und damit auch der Ladungsträger ändern und die Überschlagspannung beeinflussen. Die Zunahme der Überschlagspannung kann als Hinweis auf die Änderung der Luftströmung im Bereich des Entladungsweges gedeutet werden. Die ansteigenden Überschlagspannungen mit größerer Luftströmungsgeschwindigkeit für beide Füllstoffe bestätigen das allgemeine Verhalten der Überschlagspannung bei unterschiedlichen Luftströmungen, nämlich den Anstieg der Überschlagspannung mit zunehmender Luftströmung.
Bild 9.11 stellt einen direkten Vergleich der Überschlagspannung für beide Füllstoffe dar.

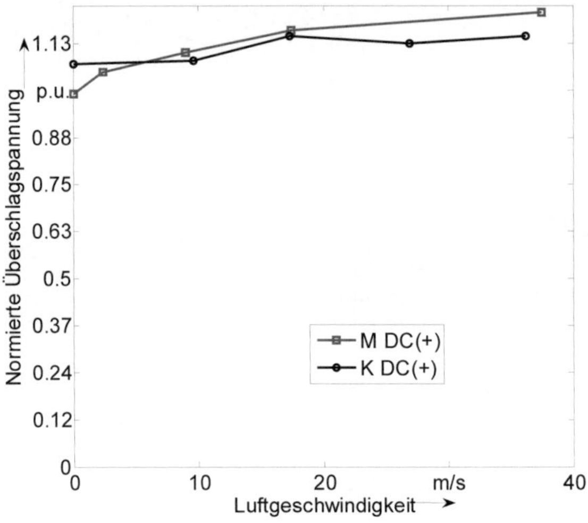

Bild 9.11: Überschlagspannung für Prüflinge mit unterschiedlichem Füllstoff unter Luftströmung bei positiver Polarität der Spannung

Die Unterschiede zwischen den Überschlagspannungen der Prüflinge mit einem *M*- und *K*-Typ Füllstoff bei positiver Polarität der Spannungsbelastung entsprechen dem Grad der Schädigung der Prüflinge. In glatte Prüflinge ohne Luftströmung nimmt nach mehreren Überschlägen deren Kriechstromfestigkeit ab und Prüflinge mit rauer Oberfläche stellten noch einer besseren Oberflächenbeständigkeit gegen Überschläge dar, da die Überschläge tendenziell als Sprunge zwischen den Elektroden auftritt. Die Luftströmung stellt eine Erweiterung für dieses Verhalten dar, da die Überschläge auch hier zwischen die Elektroden springen müssen.

Bild 9.12 zeigt die Überschlagspannung für negative Polarität in Abhängigkeit vom Füllmaterial und Luftströmungsgeschwindigkeit.

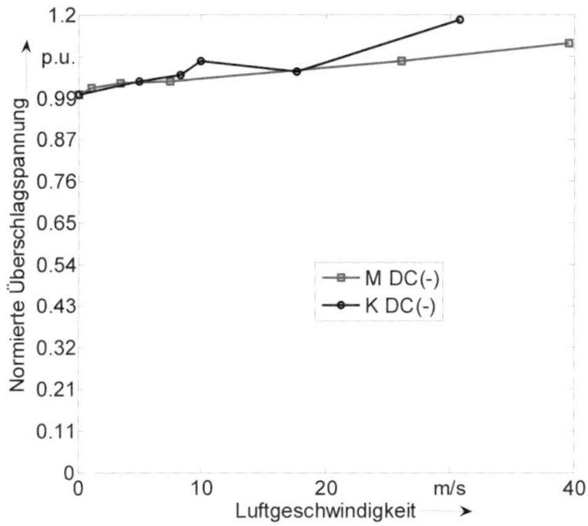

Bild 9.12: Überschlagspannung für Prüflinge mit unterschiedlichem Füllstoff unter Luftströmung bei negativer Polarität der Spannung

Der Übergang von laminarer zur turbulenten Luftströmung kann allein diesen Einfluss auf die Überschlagspannung nicht bewirken. Die geometrische Gestaltung der Elektroden und die angelegte Polarität der Ladungsträger haben auch einen Einfluss auf die Oberflächenbeständigkeit der Prüflinge mit verschiedenen Füllstoffen, da die Verzerrung des elektrischen Feldes für eine spitze Elektrode (Hochspannungselektrode) höher als für rechteckige Elektrode (Erdelektrode) ist (siehe **Bild 7.10**).

Zusammenfassung

Innere und äußere Festigkeit sind Anteile der dielektrischen Festigkeit eines Epoxidharzisoliersystems. Die Bewertung beider Anteile wird mit Hilfe von verschiedenen Messverfahren durchgeführt. Eine aussagekräftige Bewertung ist nur möglich nach der Trennung von störenden Einflüssen, die möglicherweise die Ergebnisse verfälschen können. Einflussparameter können die äußere und innere Festigkeit verändern, wobei die innere Festigkeit im Allgemeinen in Verbindung mit inneren Entladungen (Teilentladungen) und die äußere Festigkeit in Verbindung mit Überschlägen und (Korona) zu sehen ist.

Einflussparameter der inneren Festigkeit sind mechanische, elektrische oder thermische Belastungen. Die mechanische Belastung ist nur bedingt ein Einflussparameter der inneren Festigkeit in Epoxidharzisoliersystemen, da eine feste Verbindung zwischen Isolierung und Elektroden erreicht werden kann. Die elektrische Belastung ist dagegen der stärkste Einflussparameter der inneren Festigkeit, da die Leitungsverluste, Ionisationsverluste und Polarisationsverluste in Form von Teilentladungen oder Erwärmungen des Isolierstoffs Schädigungen bis zum vollständigen Durchschlag verursachen können. Eine thermische Belastung tritt in Verbindung mit einer elektrischen Belastung und/oder mit chemischen Reaktionen als Einflussparameter der inneren Festigkeit auf, da bei Überschreitung der thermischen Grenzen eine Veränderung des Isoliersystems und ein elektrischer Durchschlag erfolgt. Chemische Reaktionen wie Depolymerisation, zufällige Kettenabspaltung oder Abspaltung von Randgruppen können durch thermische und/oder elektrische Belastung zusätzlich angeregt werden.

Wesentlicher Einflussparameter der äußere Festigkeit ist die Länge des Kriechwegs, wobei eine Erhöhung des Kriechwegs durch Wahl der Konturen und der Form erreicht werden kann. Der Luftdruck hat auch einen Einfluss auf die äußere Festigkeit in Verbindung mit dem Durchschlagverhalten in Gasen. Die Temperatur trägt durch Konvektion, Kondensation oder Diffusion in Verbindung mit Feuchtigkeit und Fremdstoffen zur Beeinflussung der äußeren Festigkeit bei, wobei sich insbesondere Feuchtigkeit bei Belastung mit Gleichspannung auswirkt. Rauigkeit und Luftströmung sind weitere Einflussparameter der äußere Festigkeit. Das Aufeinandertreffen von drei verschiedenen Stoffen (Elektrode, Isolierung, Umgebungsgas) stellt eine kritische Situation in dem Winkel bezüglich des Entladungsverhaltens dar, wobei die Zuordnung der Materialen zueinander die wesentliche Einflussgröße darstellt.

Die äußere Festigkeit kann im wesentlich durch die Durchschlagsmechanismen in Gasen beschrieben werden, wobei die Ansammlung von Ladungsträger in Form von Lawinen zwischen den Elektroden in Abhängigkeit vom Elektrodenabstand, Gasdruck und Polarität der angelegten Spannung den Durchschlag beeinflussen. In Abhängigkeit der äußeren Bedingungen kann die Lawinenbildung in einer oder mehreren Generationen erfolgen. Für die innere Festigkeit sind andere Mechanismen verantwortlich, da die Durchschläge in Feststoffen in Abhängigkeit von der Größe und Dauer der angelegten Spannung Mechanismen wie Leitungsverluste, Ionisationsverluste und Wärmeverluste anregen, die dann zum Durchschlag führen können.

Die Messung des Isolationswiderstandes und des Verlustfaktors dient zur Bewertung der Verluste im Isolierstoff. Dieser Messungen sind aber nicht hinreichend geeignet für die Diagnose des Isolierstoffs in Anfangsstadium einer Schädigung, da aufgrund ihrer Empfindlichkeit nur eine grobe Bewertung des Isolierzustands möglich ist. Die Teilentladungs (TE)-Messung und die Messung des Polarisation- und Depolarisationsstrom sind empfindlicher und besser für eine Erkennung mikroskopischer Schädigungen geeignet, sodass die TE-Messung als Diagnosemethode von Schädigung in dieser Arbeit angewandt wurde. Unter bestimmten Umständen erlaubt die TE-Messung auch eine Ortung der Schädigungsstelle im Isolierkörper.

Epoxidharz wird grundsätzlich auf der Basis der Vernetzung eines Epoxidrings mit Katalysator oder Härter in Reaktionen von Homo- oder Hetero-Polymerisation hergestellt. Die verbreitete Benutzung von Epoxidharz auf der Basis von Bisphenol für elektrotechnische Zwecke ist wegen der guten dielektrischen Eigenschaften erklärbar. Allerdings werden die guten Eigenschaften von Epoxidharz auf Basis Bisphenol durch die Witterung beeinträchtigt, sodass der Einsatz von Zykloaliphatischen Epoxidharzen für Anwendungen in Freiluftanlagen notwendig ist, da diese eine bessere Beständigkeit gegen Witterung aufweisen, allerdings mit der Einschränkung in der Empfindlichkeit gegen Ultra Violett Licht (UV). Epoxidharz wird daher in Verbindung mit Füllstoffen wie Quarzmehl für die Herstellung von Stützern für Innenraumanwendung eingesetzt.

In Verbindung mit Glimmer wird Epoxidharz für die Herstellung von Ständerstäben für rotierende Hochspannungsmaschinen verwendet. Weitere Füllstoffe im Epoxidharz werden genutzt, um bestimmte Kriechstromfestigkeit für äußere Isoliersysteme zu erreichen.

Die Prüflinge zur Bestimmung der inneren Festigkeit im homogenen und inhomogenen Feld wurden in eine Esterflüssigkeit eingetaucht, um äußere Entladung zu vermeiden und die Flüssigkeit als Wärmeübertragungsmedium zu verwenden. Diese Prüflinge wurden elektrisch unter 50 kV/cm bei inhomogener Feldanordnung oder 100 kV/cm bei homogener Feldanordnung gealtert. In der Praxis sind maximale Betriebsfeldstärken von 30 - 50 kV/cm üblich. Die Alterung der Prüflinge zur Untersuchung der inneren Festigkeit wurde in Belastungszeiten und Pausenzeiten unterteilt. Hohlräume treten in zufälliger Verteilung in Inneren der Prüflinge auf.

Durch Änderung in der Leitfähigkeit oder im Gasdruck werden Zündungen der Hohlräume verändert, sodass ein unterschiedliches TE-Verhalten zu erwarten war. Durch die Belastung der Prüflinge wurden Änderungen in der Leitfähigkeit und dem Gasdruck generiert. Die Pausen in der Belastung der Prüflinge können ebenfalls Änderungen im Gasdruck und der Leitfähigkeit erzeugen, sodass auch hier mit einer Änderung des TE-Verhaltens zu rechnen war. Die TE-Messung für die Diagnose diesen Prüflingen wurde mit einem breitbandigen TE-Messgerät bei Spannungen von 0 kV bis 6 kV für 160 s mit einer minimalen Empfindlichkeit für die scheinbare Ladung von 10 pC durchgeführt. Wegen der zufälligen Verteilung der Hohlräume lassen die TE-Messungen nicht immer eine Detektion der TE-Quelle zu. Bei der Trennung der Belastungs- und Pausenzeiten konnte in den Pausenzeiten eine Abnahme der TE-Einsetzspannung und TE-Aussetzspannung und eine Zunahme der TE-Impulsrate bei Prüflingen mit inhomogenem Feld unter elektrischer Belastung erkannt werden. Ursache für das Verhalten ist eine Abnahme des Gasdrucks in den Hohlräumen der Prüflinge während der Belastungspause. Mit Aufnahmen der Grenzfläche zwischen Elektrode und Isolierung der Prüflinge mit homogenem Feld unter elektrischer Belastung konnten die Entwicklung und die Verkohlung des Durchschlagkanals, die amorphen Strukturen des Epoxidharzes und Teilchen aus den Elektroden erkannt werden, wobei die Durchschlagkanäle in mehreren Bahnen parallel zum elektrischen Feld verlaufen. Die Anzahl der Hohlräume erschwerte eine Bewertung der TE-Messung bei Prüflingen mit homogenem Feld unter elektrischer Belastung.

Eine thermische Belastung wurde bei 80 °C durchgeführt, die als Grenze der Glasumwandlungstemperatur für dieses Epoxidharzsystem zu betrachten ist. Die Trennung der TE-Messung nach Pausenzeiten und Belastungszeiten ergibt klare Ergebnisse bei der thermische Belastung von Prüflingen mit homogenem und inhomogenem Feld, da die Abnahme der TE-Einsetzspannung und TE-Aussetzspannung immer in Verbindung mit einer Pause auftrat, während die Zunahme der TE-Einsetzspannung und TE-Aussetzspannung immer mit einer Belastung verbunden war. Die Streuung der TE-Impulsrate ist durch die Änderung in der Geometrie der Hohlräume infolge der thermischen Belastung zu erklären.

Eine elektrothermische Belastung wurde mit 50 kV/cm für das inhomogene Feld und 100 kV/cm für das homogene Feld bei einer Temperatur von 80°C durchgeführt. Die Analyse der elektrothermischen Belastung an Prüflingen mit homogenem und inhomogenem Feld ergibt anhand der TE-Einsetzspannung, TE-Aussetzspannung und TE-Impulsrate keine klaren Erkenntnisse. Für Prüflinge mit inhomogenem Feld ist eine dominierende Wirkung der thermischen Belastung zu erkennen. Aufnahmen der

Grenzfläche zwischen Elektrode und Isolierung von Prüflingen mit homogenem Feld zeigen den Durchschlagkanal in Form eines Loches. Zusätzlich wurde eine weiße Substanz in dem Durchschlagkanal gefunden, die durch ihre scheinbare kristalline Struktur auf einen salzartigen Stoff hindeutet. Die TE-Einsetzspannung von Prüflingen mit homogenem Feld zeigt einen stabilisierten Bereich für Zeiten mit Belastung, die auf die Entstehung neuer TE-Kanäle hindeutet. Die TE-Impulsrate zeigt eine exponentiell ähnliche Abnahme der Werte für Zeiten mit Belastung, die in Verbindung mit der Bildung von größeren Hohlräumen steht oder von Hohlräumen, die unwirksam während der Belastung bleiben.

Zahlreiche Untersuchungen des Alterungsverhaltens mit 50 Hz. wurden durch viele Autoren durchgeführt. Eine Erhöhung der Frequenz um den Faktor 10 sollte eine schnellere Schädigung hervorrufen. Daher wurden Ständerstäbe zur Alterung mit einer Wechselspannung mit 500 Hz beansprucht. Die Spannungserzeugung erfolgte mit einem Spannungszwischenkreisumrichter und einer anschließenden Filterung. Die Alterungsspannung betrug 10 kV, was der Nennspannung für diese Ständerstäbe entspricht. Die elektrothermische Belastung für die Ständerstäbe erfolgt ebenfalls mit 10 kV aus derselben Spannungsquelle bei einer maximalen Temperatur von 60°C, die der Betriebstemperatur für diese Ständerstäbe entspricht. Die Alterung der Ständerstäbe mit 500 Hz zeigte eine deutliche Schädigung des Außenglimmschutzes für die elektrische und elektrothermische Belastung, wobei diese Schädigung bei Belastung mit 50 Hz nicht auftritt. Die TE-Messung für die Diagnose dieser Prüflinge wurde ebenfalls mit einem breitbandigen TE-Messgerät bei Spannungen von 0 kV bis 10 kV für 160 s mit einer minimalen Empfindlichkeit für die scheinbare Ladung von 100 pC durchgeführt. Die TE-Einsetzspannung, TE-Aussetzspannung zeigen für eine elektrische Belastung einen starken Anstieg nach einer langen Pause, während bei der TE-Impulsrate ein deutlicher Abfall nach einer langen Pause zu erkennen ist, der auf Änderungen in Hohlräume hindeutet. Bei einer thermischen Belastung treten die TE-Parameter in komplexer Form auf. In Einzelfällen sind extreme hohe TE-Impulsrate mit langen Pausen und kurzen Belastung verknüpft. Die elektrothermische Belastung zeigt ebenfalls ein komplexes Verhalten, das nicht mit einer direkten Überlagerung der elektrischen und thermischen Belastungen erklärbar ist. Die TE-Impulsrate zeigt einen deutlichen Anstieg mit der Belastungszeit. Nach einer langen Pause fällt die Impulsrate jedoch stark ab.

Die Prüflinge für Untersuchungen der äußeren Festigkeit wurden mit Gleichspannung belastet, da zahlreiche Untersuchungen mit Wechselspannung bereits vorlagen. Die Rauigkeit dieser Prüflinge wurde variiert, indem Konturen senkrecht, parallel und kreisförmig mit Schmirgelpapier P400, P100 und P40 hergestellt wurden. Ergänzend wurde eine Luftströmung für Untersuchungen der äußeren Festigkeit aus einem Luftverdichter und einer Düse mit Luftgeschwindigkeiten von 0,5 m/s bis 40 m/s eingesetzt. Bei den Untersuchungen wurde festgestellt, dass Füllstoffe unterschiedliche Spuren auf der Oberfläche der Prüflinge bei der Ermittlung der äußeren Festigkeit verursachen. Bei Prüflingen des Füllstoffes Typ *M* traten baumförmige Spuren auf, während für Prüflinge mit Füllstoff Typ *K* verkohlte Bereiche erschienen. Dieses Verhalten deutet auf einen Einfluss der Wärmeleitfähigkeit durch Geometrie und Material des Füllstoffes hin. Konsekutive Überschläge an einem Prüfling verursachen eine Verminderung der Überschlagspannung. Nach einer Lagerung ist dieser Verminderung nicht mehr vorhanden. Eine Reinigung der Oberfläche beeinflusst allerdings nur gering das Verhalten nach der Lagerung, was auf einen langsamen Abbau der Ladung hindeutet.

Die Oberflächenrauigkeit hat einen positiven Effekt auf die Überschlagspannung, sofern die Rauigkeit bestimmte Grenzen bei der Bearbeitung mit Schmiergelpapier P40 nicht erreichte. Bei Überschreitung eines Grenzwertes ist keine Erhöhung der Überschlagspannung zu beobachten, da sich der Durchschlagkanal nicht mehr über die Oberfläche ausbildet. Kreisförmige Konturen der Rauigkeit zeigen höhere Überschlagspannungen als senkrechte oder parallel zur Feldrichtung verlaufende Konturen der Rauigkeiten. Allerdings ist auch hier eine maximale Rauigkeit zu erkennen.

Eine Luftströmung verursacht eine Entfernung der Ladungsträger von der Oberfläche und daher eine Zunahme der Überschlagspannung. Die Zunahme der Überschlagspannung mit der Luftströmung ist unabhängig von der Polarität der angelegten Gleichspannung. Die Füllstoffe zeigen Unterschiede in der Überschlagspannung. Ebenso haben der Übergang zwischen turbulenter und laminarer Strömung sowie die Oberflächenbeschaffenheit des Materials Einfluss auf die Überschlagspannung. Bei einer Luftströmung erfolgt der Überschlag zwischen den Elektroden oberhalb der Materialoberfläche und wird somit vom Material nicht mehr beeinflusst.

Schrifttum

[Allen-1]	Allen K.R. Phillips K.	Investigation of electron avalanches in air using a cloud chamber, Journal of Electronics and Control, Vol. 8, No. 4, p. 273, April 1960.
[Angerstein-1]	Angerstein W. Gursky S.	Grundlagen der Strahlenphysik und radiologischen Technik in der Medizin, VEB Georg Thieme, S. 21-22, Leipzig, 1977
[Batchelor-1]	Batchelor A.W. Lam L.N. Chandras. M.	Materials degradation and its control by surface engineering, Imperial college press, London, 2002
[Beyer-1]	Beyer M. Boeck W. Möller K. Zaengl W.	Hochspannungstechnik Theoretische und praktische Grundlage für die Anwendung Springer Verlag, 1986
[Beyer-2]	Beyer M.	Elektrisches und Dielektrisches Verhalten von Epoxidharzformstoffen Hannover,1991
[Cengel-1]	Çengel Y.A. Boles M.A.	Thermodynamics an engineering approach, McGraw Hill, 6th edition, 2008
[Chalmers-1]	Chalmers I.D. Duffy H. Tedford T.J.	The mechanism of spark breakdown in nitrogen, oxygen and sulphur hexafluoride, Proceedings of the Royal Society of London, Series A, Vol. 379, No.1577, p. 171-191, 1972
[De Broglie-1]	De Broglie M. De Broglie L.	Einführung in der Physik der Röntgen und Gammastrahlen, Verlag Johann Ambrosius Barth, S. 63-66, Leipzig, 1930
[Debye-1]	Debye P.	Polare Molekeln Verlag von S. Hirzel in Leipzig 1929
[Ding-1]	Ding L. Tu Y. Li C. Wang W.	Experimental investigation of influence of roughness of flashover performance of ceramics in vacuum, IEEE International Symposium on Electrical Insulation, p. 261-264, 2004
[Discussion-1]	Discussion	Time characteristics of fast pulsed flashover in vacuum, IEEE Transactions on Electrical Insulation, Vol. 28, No. 1, p. 157-159, 1993

[Engel-1]	Engel K.	Bewertung von Teilentladungen in Spaltförmigen Isolierstoffdefekten, Dissertation Universität Dortmund, Shaker Verlag,1998
[Farahani-1]	Farahani M.S.	Zustandsbewertung eines Isoliersystems für rotierende Hochspannungsmaschinen mit elektrischen und dielektrischen Messverfahren, Dissertation Universität Hannover, Cuvillier Verlag, 2005
[Fröhlich-1]	Fröhlich H.	Theory of electrical breakdown in ionic crystals Proceedings of the royal society, London, Series A, Band 160, 1937, S. 230-241
[Gärtner-1]	Gärtner J.P.	Über das Teilentladungsverhalten von Strombegrenzenden Hochspannungs-Hochleistungssicherungen, Dissertation Universität Hannover, Cuvillier Verlag, 2007
[Gray-1]	Gray E.W. Harrington D.J.	Surface topography of printed wiring boards and its effect on flashover, IEEE Transactions on Components, Hybrids and Manufacturing Technology, Vol. CHMT-5, No. 1, p. 142-146, 1982
[Gwosdz-1]	Gwosdz W. Röhling S. Lorenz W.	Geologisches Jahrbuch, Reihe H, Heft 12, Wirtschaftsgeologie, Berichte zur Rohstoffwirtschaft, E. Schweizerbart'sche Verlagsbuchhandlung Hannover 2006
[Hammoud-1]	Hammoud A. Stavnes M. Suthar J. Laghari J.	Effects of thermal and electrical stressing on the breakdown behavior of space wiring, Prepared for: Lewis Research Center; National Aeronautics and Space Administration, Cleveland USA, June 1995
[Hepburn-1]	Hepburn D.M. Kemp I.J. Shields A.J.	Mica, IEEE Electrical Insulation Magazine, Vol. 16, No. 15, Sept-Oct 2000
[Hepburn-2]	Hepburn D.M Kemp I.J. Shields A.J. Cooper J.	Degradation of epoxy resin by partial discharges, IEE Proceedings on Science Measurements and Technology, Vol.147, No. 3, pp. 97-104, May 2000

[Henriksen-1]	Henriksen M.	Partial discharges in spherical cavities in epoxy resin their dependence on different material parameters, PhD Thesis, Technical University of Denmark, Polyteknisk Forlag, 1982
[Houghton-1]	Houghton E.L. Carpenter P.W.	Aerodynamics for engineering students, Elsevier Butterworth-Heinemann, Fifth edition, Great Britain, 2003
[IEC-60060-1]	International Electrotechnical Commission	High voltage test techniques Part 1: General definitions and test requirements, IEC 60060-1, 2005-09
[IEC-60112]	International Electrotechnical Commission	Method for the determination of the proof and the comparative tracking indices of solid insulating materials, IEC 60112, Fourth edition, 2003-01
[IEC-60270]	International Electrotechnical Commission	High voltage test techniques- Partial discharge measurements, IEC 60270, Third edition, 2000-12
[IEC-60472]	International Electrotechnical Commission	Live working minimum approach distances for AC systems in voltage range 72.5 to 800 kV a method of calculation, IEC 60472, 2004-07
[IEC-60587]	International Electrotechnical Commission	Test methods for evaluating resistance to tracking and erosion of electrical insulating materials used under severe ambient conditions, IEC 60587, Second Edition, 1984-01
[IEC-60664-5]	International Electrotechnical Commission	Insulation coordination for equipment within low voltage systems Part 5: Comprehensive method for determining clearances and creepage distances equal to or less than 2 mm, IEC 60664-5, 2007-07
[Kelen-1]	Kelen T.	Polymer degradation,Van Nostrand Reinhold company, 1983
[Kim-1]	Kim S. Hackam R.	Effects of saline water flow rate and air speed on leakage current in RTV coatings, IEEE Transactions on Power Delivery, Vol. 10, No. 4, 1995

[Kotte-1]	Kotte R.	Untersuchungen zur elektrotechnischen Nutzung hochwärmebeständiger Reaktionsharzformstoffe Dissertation Universität Hannover, Cuvillier Verlag, 2005
[Krischer-1]	Krischer O.	Der Einfluss von Feuchtigkeit, Körnung und Temperatur auf die Wärmeleitfähigkeit körniger Stoffe (Die Leitfähigkeit des Erdbodens), Habilitationsschrift Technische Hochschule Darmstadt, Verlag von Oldenbourg, München, 1934
[Kumm-1]	Kumm T.	Diagnose des Alterungszustandes von 110-kV Gasaußendruckkabeln, Dissertation Technische Universität Berlin, Sierke Verlag, 2008
[Kurrat-1]	Kurrat M.	Modellierung und Messung von Teilentladungen in Hohlräumen zur Bestimmung Schädigungsrelevanten Energien, Dissertation Universität Dortmund, 1993
[Lemke-1]	Lemke E. Schmiegel P. Mosch W.	PD phenomena on dielectric surfaces under dc stresses influenced by air humidity, IEEE Transactions on Electrical Insulation, Vol. 26, No. 3, p. 453-457, June 1991
[Lampe-1]	Lampe W.	Der Durchschlagmechanismus positiver langer Funken in atmosphärischer Luft, Dissertation Technische Universität Berlin, 1962
[Meppelink-1]	Meppelink J.	Der Durchschlag im inhomogenen Feld in Luft bei Schwingender Blitzstoßspannung, Dissertation Technische Universität Berlin, 1984
[Metzer-1]	Metzer J.M. Wouters P.A.A.F.	The effect of insulator charging on breakdown and conditioning, IEEE Transactions on Electrical Insulation, Vol. 28, No. 4, p. 681-691, 1993
[Mottana-1]	Mottana A.	Micas: crystal chemistry and metamorphic petrology Mineralogical Society of America, International Meeting in Rome, 2000

[O'Dwyer-1]	O'Dwyer J.J.	The theory of electrical conduction and breakdown in solid dielectrics, Clarendon press, Oxford, 1973
[Petrie-1]	Petrie E.M.	Epoxy adhesive formulations, McGraw-Hill, 2006
[Pielichowski-1]	Pielichowski K. Njuguna J.	Thermal degradation of polymeric materials, Rapra technology limited, 2005
[Plinke-1]	Plinke W.	Die Ausbildung von Teilentladungen in Luft und Isolieröl geringer Viskosität, Dissertation Technische Hochschule Hannover, 1966.
[Quarzwerke-1]	Quarzwerke	Millsil-Mehle Datenblatt, Quarzwerke, Deutschland, Januar, 2003
[Raether-1]	Raether H.	Electron avalanches and breakdown in gases, Butterworth & Co., London, 1964
[Raveloma-nantsoa-1]	Raveloma-nantsoa N. Farzaneh M. Chrisholm W.A.	Insulation pollution processes under winter conditions, IEEE Conference on Electrical Insulation and Dielectric Phenomena, p. 321-324, 2005
[Rudolphi-1]	Rudolphi A.	Untersuchung elektrostatischer Ladungsprozesse als Auslöser von spontanen Staubablagerungen, Fraunhofer-IRB Verlag, 2003
[Schering-1]	Schering H.	Die Isolierstoffe der Elektrotechnik, Verlag von Julius Springer, Berlin, 1924
[Simoni-1]	Mazzanti G. Montanari G.C. Simoni L.	Insulation characterization in multi-stress conditions by accelerated life tests: an application to XLPE and EPR for high voltage cables, IEEE Electrical Insulation Magazine, Vol. 13, No. 6, Nov. 1997.
[Sparks-1]	Sparks M. Mills D.L. Warren R. Holstein T. Maradudin A.A. Sham L.J. Loh E. Jr. King D.F.	Theory of electron avalanche breakdown in solids, Final report sponsored by Air force office of scientific research, Pacific-Sierra Research Co.,Santa Monica California USA, March 1981

[Tesmasa-1]	Tesmasa P.	Analysis of partial discharges behaviour of epoxy cast resin insulators during ageing processes, Master thesis, Schering Institut, Universität Hannover, März 2006
[Tettex-1]	Tettex AG	Teilentladungsmesstechnik, Tettex Information 21.
[Wasserberg-1]	Wasserberg V.	Verfahren zur Werterhaltung und Optimierung der Nutzungsdauer von Leistungstransformatoren Dissertation Universität Hannover, Cuvillier Verlag, 2006
[Weidmann-1]	Weidmann F.	Elektrische Untersuchungen an Spinnfasern, Dissertation Technische Hochschule Darmstadt, München, 1939
[Yamano-1]	Yamano Y. Ito S. Kato K. Okubo H.	Charging characteristics and electric field d distribution on alumina as affected by triple junctions in vacuum, IEEE Transactions on Dielectrics and Electrical Insulation, Vol. 9, No. 2, 2002, p. 173-177.
[Zaengl-1]	Zaengl W.S.	Dielectric spectroscopy in time and frequency Domain for HV power equipment, part 1: Theoretical Considerations, Electrical Insulation Magazine, IEEE, Vol. 19, No. 5, Sept/Oct 2003
[Zhong-1]	Zhong H.H. Kärner H.C. Gollor M.	Time characteristics of fast pulsed flashover in vacuum, IEEE Transactions on Electrical Insulation, Vol. 27, No. 3, p. 496-503, 1992

Lebenslauf

Persönliche Daten:

Name:	Ricardo Victoria López
Geboren am:	29. August 1976 in Mexikostadt
Familiestand:	Ledig
Staatsangehörigkeit:	Mexikaner

Schulbildung:

1982 – 1988	Grundschule Cadete Vicente Suarez, Pueblastadt
1988 – 1991	Mittelschule 30, Pueblastadt
1991 – 1994	Gymnasium U15, Pueblastadt mit Erlangung der Hochschulreife im mathematischen Zweig

Hochschule:

1994 – 1998	Bachelor Instituto Tecnologico de Puebla
2000 – 2001	Master Instituto Tecnologico de Morelia

Berufstätigkeiten:

1998	Praktikum bei C.F.E. (Energieversorger) Abteilung Messtechnik
1999 – 2000	Ingenieur bei verschiedenen Baufirmen
2001 – 2002	Technischer Berater von H. Ayuntamiento de San Salvador el Seco (Rathaus von San Salvador el Seco)
2002 – 2003	Universitätslehrer am Instituto Tecnologico de Puebla
Seit 2003	Gastwissenschaftler am Schering Institut, Leibniz Universität Hannover